はじめに

INTRODUCTION

Canvaには写真、イラスト、テンプレートまで
デザインに必要なものが全部揃っており
作れるデザインは無限大！

本書ではその無限大をさらに広げるために
Canvaのテンプレートを活用した
様々なデザインアイデアを紹介しています。

テンプレートを活用しているから
ゼロから作るよりもパパッとできて
初心者でもおしゃれに作れるアイデアばかりです。

本書の沢山のデザインテクニックを通して
「こんなアイデアがあるんだ」
「Canvaでこんなにデザイ
体感しながらデザイ
知っていただけると

ingectar-e

Contents

Chapter 02 035

テンプレートを使ってパパッとアレンジ カテゴリー別デザインレシピ

SNS

バナー

LINEバナー

サムネイル

チラシ・ポスター

Web

ビジネス資料

名刺・カード

OTHER その他

COLUMN

Chapter03 173

Canvaで使える! オリジナル素材集

注意事項

- ■本書はデスクトップアプリを前提に解説しています。他のデバイス、アプリケーションによっては機能名や操作方法が異なることがございます。
- ■本書に掲載している操作画面はデスクトップアプリのものを掲載しています。
- ■本書で掲載しているサービス、アプリケーションなどの情報は2024年1月時点のものです。お使いのソフトのバージョンによっては紙面と機能名や操作方法が異なる場合があります。また予告なく、変更される可能性があります。
- ■本書で紹介しているテンプレートは2024年1月時点でCanvaで提供しているものを使用しています。
- ■本書の作例では自身で用意した素材をCanva内で使用することを想定し、Canvaで提供されていない写真、イラストを使用しているデザインが含まれています。
- ■本書の作例の一部は有料プラン「Canva Pro」の素材やテンプレートを使っています。
- ■本書の作例で記載されている商品や店舗名、住所等は架空のもので、実在はしません。
- ■本書で紹介しているアプリケーション、サービスの利用規約の詳細は各社のサイトをご参照ください。いかなる損害が生じても、著者および株式会社インプレスのいずれも責任を負いかねますので、あらかじめご了承ください。

Canvaとは

Canvaはデザイン初心者でも簡単にクオリティの高いデザインが作れるデザインツールです。
写真やイラストなどデザインに必要な素材やフォント、またテンプレートが揃っており、
バナー、ポスター、Webサイトなど幅広いジャンルのデザインが実現可能！

Canvaはどんなもので操作できる？

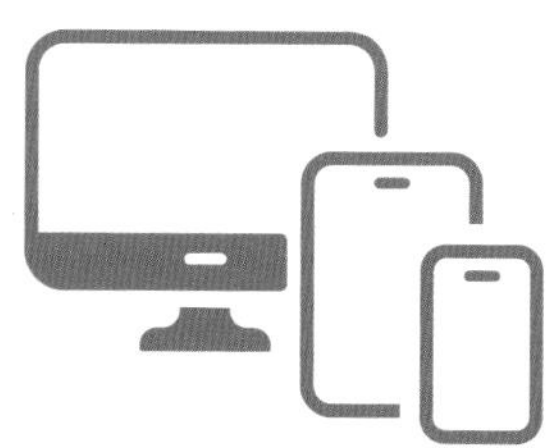

CanvaはPC、タブレット、スマホで操作することができます。また、同じアカウントでログインをすれば複数の端末で操作が可能です。

Canvaで作れるものはたくさん

SNS画像

Instagramのストーリーや X(Twitter)などSNSの投稿で使える画像。

ビジネス資料

ビジネスシーンで使える資料やプレゼン資料などが作れます。

名刺・カード

名刺やショップカード、ポイントカード、メッセージカードなどが作れます。

Web・バナー

個人のWebサイトがコード無しで作れたり、バナー画像も作成可能です。

チラシ・ポスター

チラシやポスター、販促物など紙の印刷物用のデザインテンプレートも豊富！

その他

年賀状やシール、ロゴなど様々なデザインを作成できます。

POINT

① 写真・イラストなど様々な素材が使える

Canvaではイラスト、写真、動画、音楽などの1億点ほどの素材が使えます。豊富な素材がたくさんあるのでポップやナチュラルなど色々なジャンルのデザインが作成可能です。

② デザインテンプレートがあるので0ベースでデザインしなくていい

様々な用途で使えるデザインテンプレートがCanvaには沢山揃っています。 だから、0ベースでデザインする必要がないのが最大の魅力。有料でさらにバリエーション豊かなテンプレートや素材が使える「Canva Pro」もありますが、 無料でも多くのデザインが可能です。

③ 操作が単純だから初心者でも安心

Canvaはプロ向けのデザインソフトのように複雑な操作はなく、シンプルに作られているため誰でも簡単に操作することができます。

④ Canvaからプリント注文ができる

Canvaで作成したデザインをそのまま印刷注文できるサービスがあります。チラシやポスター以外にもカードやマグカップ、名刺などを注文することが可能です。

Canva 公式サイト

アプリやブラウザ、どちらからでもOK! まずは右下の二次元コードからCanvaの Webサイトに飛び、無料会員登録をしていろんなデザインを作っていきましょう!

URL
https://www.canva.com/

How to use

本書の使い方

Chapter2ではCanvaのテンプレートを活用したデザインレシピを紹介しています。

1 完成デザイン
右ページのデザインレシピを元にテンプレートをアレンジしたデザインの完成見本です。

2 テンプレート
1 のデザインで使用したテンプレートを紹介。右の二次元コードからテンプレートにアクセスすることができます。

3 アレンジポイント
テンプレートのアレンジポイントを紹介しています。

4 デザインレシピ
完成デザインの作り方を紹介しています。

5 プラステクニック
1 の完成デザインにさらにテクニックを加えてアレンジする方法を紹介しています。

カテゴリー

各デザインのカテゴリーをアイコンで表しています。

SNS投稿用画像など

Webサイト、バナーなど

チラシ、ポスターなど

ビジネス資料、プレゼン資料など

名刺やカードなど

その他デザイン類

Chapter

01

まずはココだけ覚えればOK!
Canvaの基本操作&便利機能

Canvaは基本的な操作を覚えれば、デザイン初心者でも扱えるツールです。簡単にオシャレで整ったデザインが作れる便利な機能も充実しています。本章ではChapter2で紹介するデザインレシピを実践するために必要な操作方法や、覚えておくと便利な機能を紹介します。

※操作画面はMac版で解説しています。

Basic Operation

01 まずは、テンプレートを選んでいこう！

Canvaでのデザイン制作はとっても簡単！

Canvaの最大の魅力は豊富なテンプレートがあること。
テンプレートを活用すれば、基本的な操作だけでプロ顔負けのデザインが完成します。
気軽に始めたい場合は、テンプレートを使ってデザインするのがおすすめです。

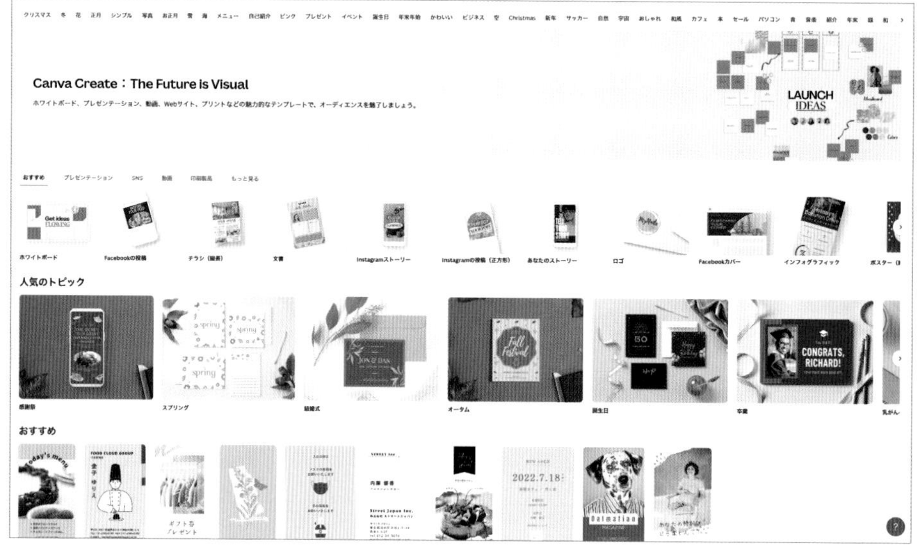

テンプレートを選ぶときは、以下のどちらかの方法が探しやすいです。
次のページで具体的な操作方法を解説していきます。

(01) **種類から絞って選ぶ**　(02) **キーワード検索から選ぶ**

種類から絞って選ぶ

Canvaホーム画面から「メインメニュー」→ 1「テンプレート」を選択すると、2 のようにカテゴリーごとのテンプレートを探すことができます。

色々な種類のテンプレートを見ながら探したいときはこちらの探し方がおすすめです。

キーワード検索から選ぶ

具体的に使いたいテンプレートのイメージがある場合は、ホーム画面の中央の検索バーから、キーワードで検索して絞っていきましょう。

用途やイメージカラー、テイストなどで検索すると、一気に種類が絞られるので、使いたいテンプレートがすぐに見つかります。

Check Point
チェックポイント

事前にサイズを確認しておこう

テンプレートが決まったら、サイズを確認しておきましょう。でき上がってからはサイズが変更できないので要注意です。
(Canva Proユーザーはサイズ変更できます。)

Basic Operation

02 SNS画像を作りながら基本操作を覚えよう

テンプレート

では、基本操作を押さえていきましょう。Canvaのテンプレートを実際にアレンジしながら基本操作を紹介していきます。ここでは左のテンプレートを活用していきます。

URL https://www.canva.com/ja_jp/templates/EAFJYTCxIoY/

Canvaの編集画面

テンプレートを選ぶと以下のデザイン編集画面が表示されます。Canvaはこの編集画面でデザインをしていきます。まずは編集画面の見方を紹介します。

1 ホームボタン
2 ファイルタブ
3 新規ファイル追加
4 自動保存
5 元に戻す / やり直す
6 共有 / ダウンロード
7 ページを追加
8 ページを複製
9 コンテンツの置換のみ許可
10 拡大縮小
11 グリッドビュー
12 全画面表示
13 ヘルプ
14 ページを追加
15 サイドパネル

⑮サイドパネルの機能紹介

…Canva Pro 有料版

デザイン：数万種類のデザインテンプレートがあります。

素材：Canvaの素材や図形、写真フレームなどがあります。

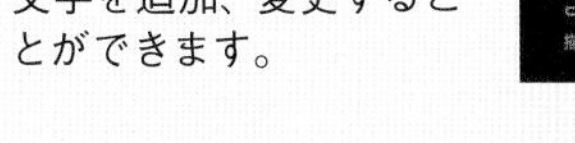

テキスト：文字を追加、変更することができます。

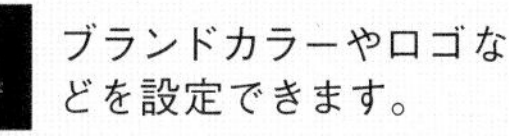

ブランド：ブランドカラーやロゴなどを設定できます。

アップロード：画像や自作素材はここにアップロードします。

描画：ペンなどを使って落書きなどが行えます。

プロジェクト：制作したデザインを保存することができます。

アプリ：便利なツールが沢山備わっています。

写真を変えてみよう

Canvaでは写真やイラストなど豊富な素材が提供されています。Canvaで提供されている写真を使うこともできますし、自分で用意した写真をアップロードして使うことも可能です。ここでは写真の差し替え方法を紹介します。

BEFORE → AFTER

写真差し替え前

写真差し替え後

操作手順 1 Canvaで提供している写真を使う

元の写真から、写真を変える

左のサイドパネルから[素材]を選び、検索バーに、使いたい写真のイメージをキーワードで検索。例）グリーン、バッグなど

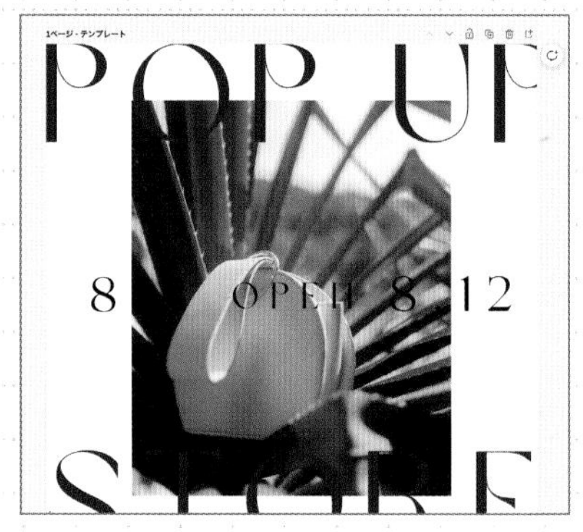

選んだ写真を、差し替えたい写真の場所までドラッグ&ドロップすると、写真が置き替わります。

操作手順 2　自分で用意した写真を使う

使いたい写真をアップロードする

左のサイドパネルから［アップロード］を選び、「ファイルをアップロード」のボタンをクリック。又はドラッグ&ドロップで使いたい写真をアップロードできます。

写真のサイズを調整したいときは写真をダブルクリックすると調整可能です。

Plus Technique

写真を編集する

編集画面の写真を選択し、メニュー上の 1「写真を編集」を選択すると 2「調整メニュー」が表示され、以下の項目を選ぶと写真の明るさなどが調整可能です。

エフェクト　フィルターやエフェクトなど写真の加工ができる機能です。クリック1つで写真の雰囲気をガラッと変えられます。

調整　色合いや明るさ、彩度、コントラストなどスライダーで細かく写真補正ができる機能です。

切り抜き　写真の縦横比、傾きなど変更でき、写真を好きな形に切り抜くことができます。

文字やフォントを変えてみよう

Canvaにはオシャレなフォントが沢山。テンプレートのフォントをそのまま使うのはもちろん、自分の好きなフォントに変えてみましょう。

BEFORE
文字打ち替え前

AFTER
文字打ち替え後

操作手順 1 文字を打ち替える

文字をダブルクリックして選択する

打ち替えたい文字をダブルクリックすると、右の画面のように紫色（Windowsでは青）の四角が出てきます。その状態のまま、好きな文字に打ち替えていきましょう。

新規で文字を追加したい場合

キーボードで「T」を打つと、新規で文字が追加されます。

「T」を打つとパッと
画面の中央にでてきます

操作手順 2 フォントの種類やサイズ、色などを変える

フォントを変更したい場合

フォントを変更したい場合は、1 文字をクリックし、2 をクリックすると好きなフォントに変更することができます。

文字サイズや色、太字などを変更したい場合

文字のサイズや色、太字などにしたい場合は文字を選択した状態で 3 で変更できます。また文字のサイズは、文字を選択し、4 の紫色のボックス線の四隅の丸をドラッグするとサイズ調整できます。

Plus Technique

エフェクトで文字をおしゃれに加工

エフェクトを使えば表現の幅が広がります。文字を選択したときに表示される、1 の「エフェクト」をクリックすると、画面左側に 2 が表示されます。フチ文字や版ずれ文字など色々できるので試してみてくださいね。

CASE 3

配色を変えてみよう

Canvaでは配色の変更方法は４つあります。制作シーンに合わせた配色選びのコツを紹介します。

BEFORE

配色変更前

AFTER

配色変更後

操作手順 1

配色メニューから選ぶ

色を変えたいところを選択する

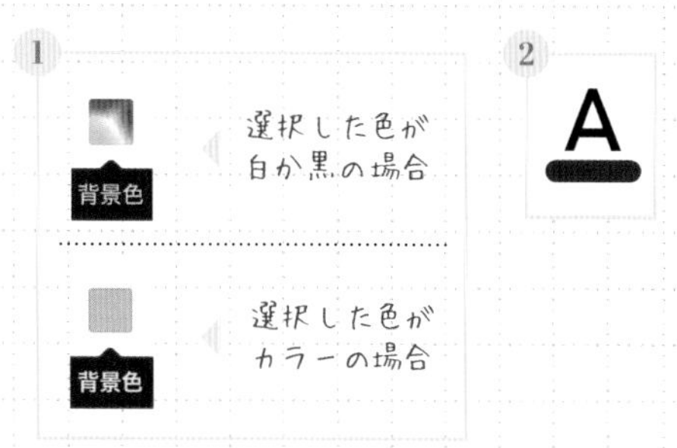

色を変更するときは、変えたい部分をクリックすると、メニュー上の左側に 1 ようなカラーアイコンが表示されます。文字の色を変更するときは同じように色を変えたい文字をクリックすると、2 が表示されます。

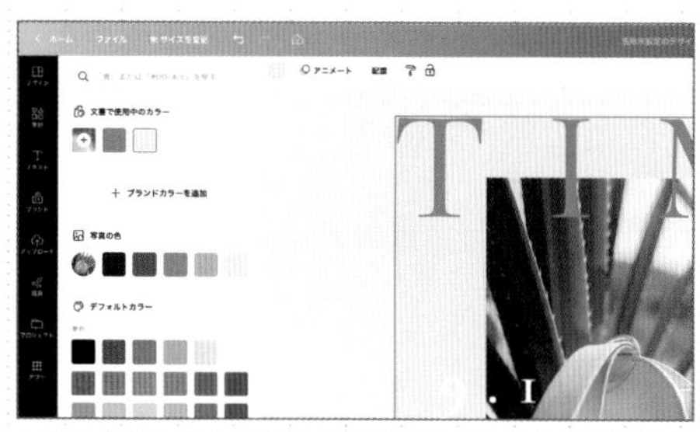

1 や 2 のアイコンをクリックすると、上の画像のように配色メニューが表示されるので好きな色を選びましょう！

操作手順 2 「白いピン」を使って自分で色を作る

色をこだわって決めたいときに

操作手順1の配色メニューから「文書で使用中のカラー」にある1をクリックし、右の画像のような画面を表示させます。2の白いピンを動かすと色の明度や彩度などを調整することが可能です。自分好みの色を選びましょう！ 使いたいカラーコードがある場合は3に数値を打ち込めばOK。

操作手順 3 「写真の色」でパパッとおしゃれに

見栄えよく色を決めたいときはコレ！

配色メニューの中に「写真の色」という覧があります。デザインで使用している写真の色から自動的に配色を選んでくれる便利な機能です。写真の色の中から配色を選ぶと、デザイン全体がまとまった印象になるので、配色選びが苦手な人や、パパッと決めたいときにおすすめ！

操作手順4 「カラーピッカー」の場合

感覚的に色を選びたいときにおすすめ

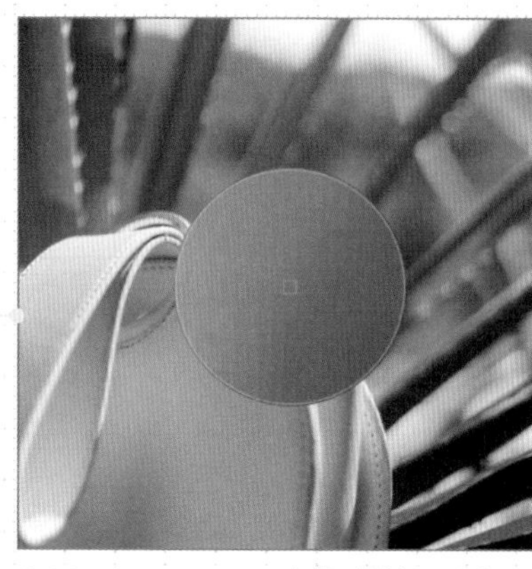

※ MacとWindowsで表示が異なります。

配色メニューの「使用中のカラー」内にある1「＋ボタン」をクリック。すると、2のスポイトマークが出てくるのでクリックします。

カーソルが上の画像のように丸に変わります。この丸を変更したい色のところに移動し、クリックするとその場所の色に変更されます。

Plus Technique

グラデーションにする

配色メニューの下の覧にある「グラデーション」を使えば、ワンクリックで背景や図形をグラデーションにすることが可能です。グラデーションの色味調節をするときは1をクリックすると「文書で使用中のカラー」に表示されます。そのあと2をクリックすると、グラデーションの調整画面が表示されます。3で色味を調整でき、4でグラデーションの向きを変更できます。

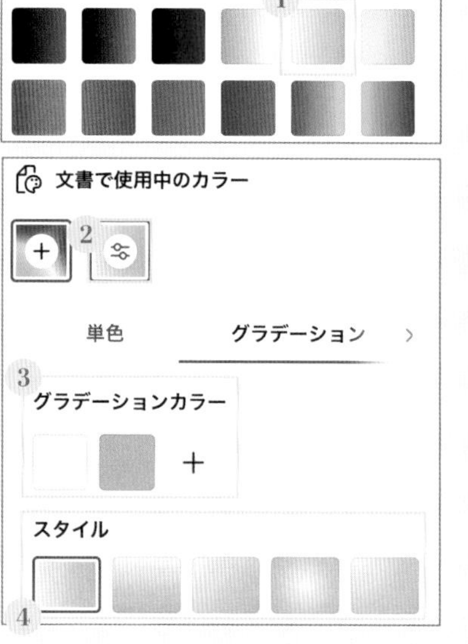

完成したデザインを書き出してみよう

[共有]でき上がったデザインをダウンロードしてみましょう!

デザインが完成したら編集画面の右上の 1 [共有] をクリックし、2「ダウンロード」をクリックすると、3 のように書き出し形式が設定できます。書き出したい形式を設定して、4「ダウンロード」をクリックすれば、デザインをダウンロードできます。

印刷物	JPG/PDF(印刷)
Web	JPG/PNG/SVG
ビジネス資料	PDF(印刷)
動画	MP4
アニメーション	GIF

Check Point
チェックポイント

印刷データはそのまま印刷できる?

PDF(印刷)であればトリムマークと塗り足しをつけることができ、カラーモードもCMYKに変更してダウンロードができます。PDF入稿が可能な印刷会社であればすぐに印刷データとして使えます。

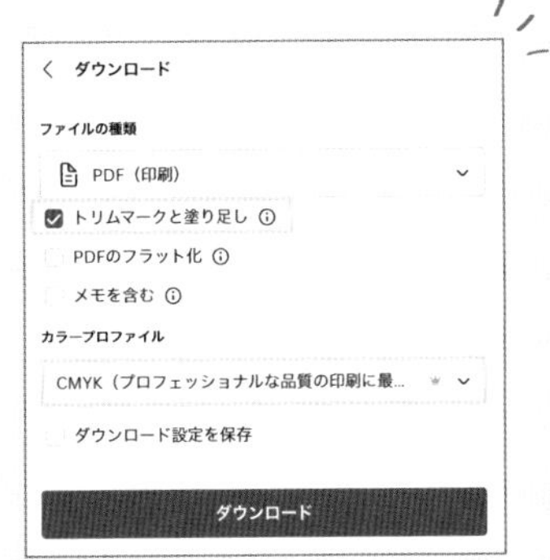

Basic Operation

03 写真の背景を除去してみよう

Canva Pro 有料版

Canvaの有料機能にある、被写体をワンクリックするだけで
自動で背景を消してくれる便利機能を紹介！

BEFORE
背景除去前

AFTER
背景除去後

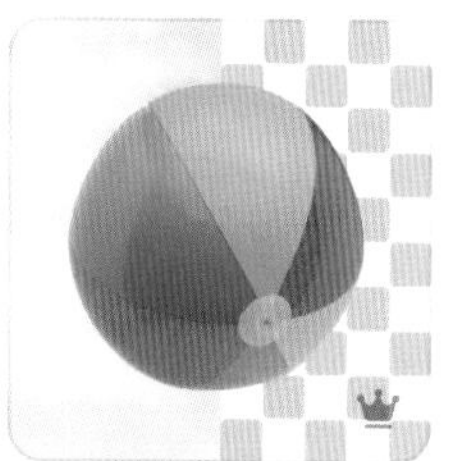

背景除去を使ってみよう

P19で紹介した［写真を編集］の中にあるエフェクトの「背景除去」をクリックするだけで簡単に被写体を切り抜くことができます。

やることはワンクリックするだけ！

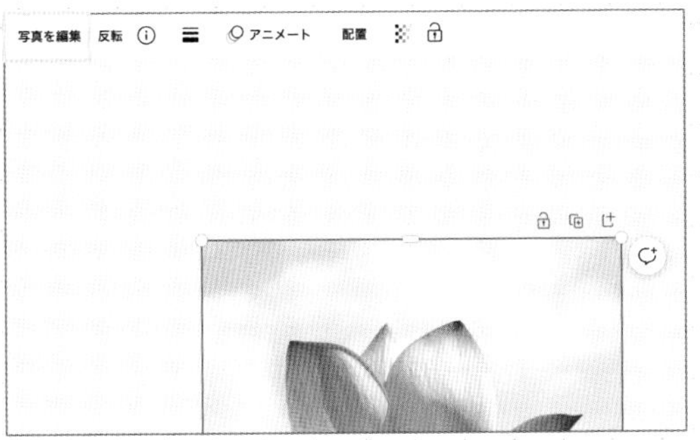

加工したい写真を選択し、「写真を編集」をクリックするとメニューバーがプルダウンします。

「エフェクト」の中にある「背景除去」をクリック。これで簡単に画像を切り抜くことができます。

Plus Technique

画像を微調整する

背景除去で自動切り抜きをして、まだ少し背景が残っているときはブラシで微調整することが可能です。

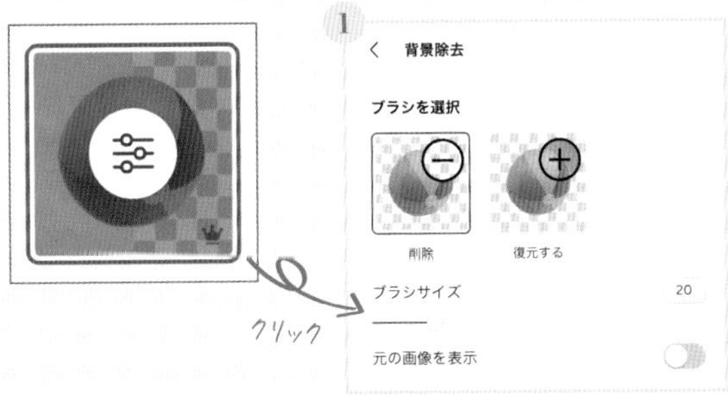

背景除去をもう一度クリックすると、1 が表示されます。ここで自動背景除去加工されたときに消せなかったゴミをブラシで消すことが可能です。

消したい部分をなぞる♪

Basic Operation

04 文字間隔や行間を調整しよう

文字間隔や行間を調整するだけで垢抜けたデザインに変わり、
テンプレートの中におさまらない文字も調整することができます。

BEFORE

文字間隔調整前

AFTER

文字間隔調整後

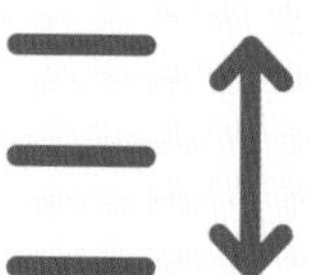

文字間隔や行間を調節しよう

テキストボックスを選択すると、デザイン編集画面の上メニューに左のような「スペース」のアイコンが表示されます。ここで文字の間隔や行間を調整することができます。

CASE 1

文字間隔や行間の調整方法

1

S aA エフェクト

1ページ - ページタイトルを追加

SUPER T

文字間隔を調整したい文字を選択すると画面上に上記のようなメニューが出てきます。1をクリックすると文字間隔と行間隔を調整できるメニューが表示されます。

文字間隔を調整するときは2を調整し、行間隔を調整する場合は3で調整します。

CASE

文字間隔の調整の目安

文字間隔を調整するだけで、文字の雰囲気はガラリと変わります。文字間隔のバーを右にスライドさせる（数値は＋）と文字間隔が広がり、左にスライドさせる（数値はマイナス）と文字間隔が狭くなります。

文字間隔 0

狭まる 広がる

Plus Technique

文字間隔を調整して抜け感を出す

今っぽい抜け感のあるデザインを作るときは、文字間隔をあけるとより抜け感のあるデザインになります。

Basic Operation

05 パーツの並び替えに便利！レイヤー機能

レイヤーを使えばそれぞれのパーツの前後を並べ替えが、
簡単に行える便利な機能です。

レイヤーで前後を調整しよう

デザイン編集画面のメニューの左上にある「配置」というボタンを選択すると、制作中のレイヤーが表示されます。

以下のいずれかの方法でレイヤーを表示しよう

1. 画面上のメニューから表示

画面上の 1「配置」をクリックすると、左側にレイヤーが表示されます。1 が最初から表示されない場合は一度、デザインの外側 2 グレーの背景をクリックすると表示されます。

2. 右クリックでリストから表示

素材を選択した状態で右クリックをすると右の画面のようなメニューが表示されます。リストの中から 3 をクリック→「レイヤーを表示」をクリックするとレイヤーが表示されます。

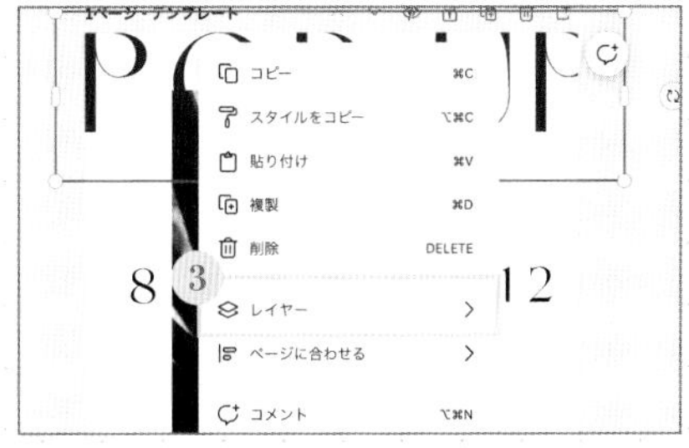

レイヤーでパーツの前後を並び替えてみよう

レイヤーが表示されたら次はパーツの前後を並び替えてみましょう！各パーツの前後を並び替えるときは、パーツをクリックしながら移動したい位置までドラッグ&ドロップすればパーツの前後の順番が変わります。レイヤーを開くのが面倒なときは下記のショートカットキーを使うと時短になります！

ショートカットキー

素材を背面に移動

Mac Command + [

Windows Ctrl + [

素材を前面に移動

Mac Command +]

Windows Ctrl +]

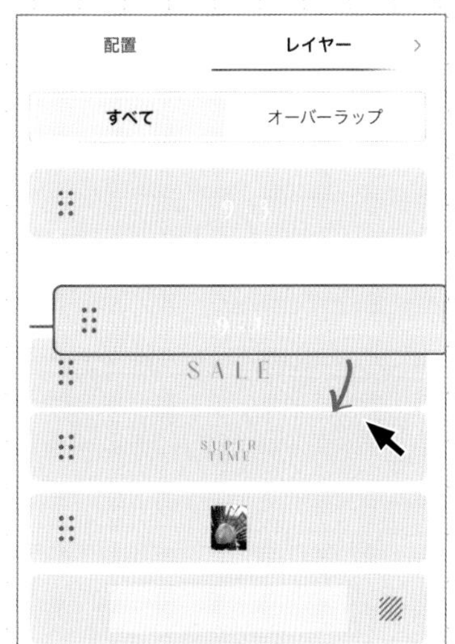

Basic Operation

06 知っていると便利！グループ化機能

グループ化をすれば、ごちゃごちゃ重なった複数の要素もひとまとめに！
複数の要素をひとまとめにすれば要素を移動させるときに楽になります。

BEFORE

グループ化前

AFTER

グループ化後

グループ化をしよう

グループにしたい文字や写真をまとめて選択すると「グループ化」という表示が出ます。その表示をクリックすると、グループ化完了です。

グループ化をしよう

グループ化を使って複数の要素を1つにまとめましょう。

1. 複数の要素を選択しよう

複数の要素を選択するときは「Shift」キーを押しながら文字や図形などをクリックしていきましょう。

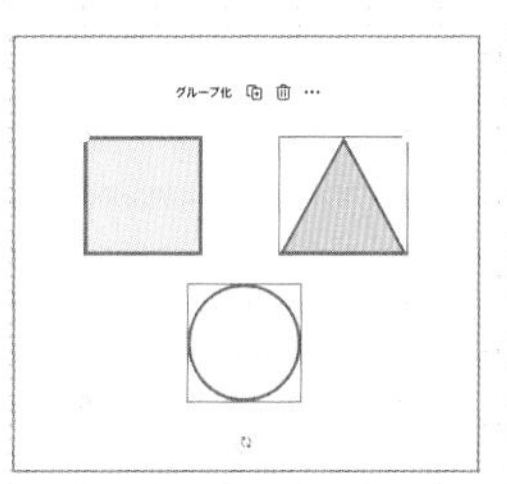

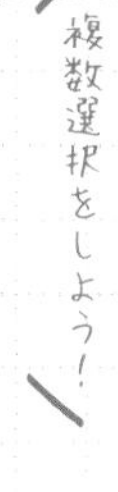

2. グループ化する

グループにしたい要素を選択したら、1のように「グループ化」が表示されるのでそこをクリックするとグループ化されます。また、ショートカットキーを使えば簡単にグループ化することも可能です。

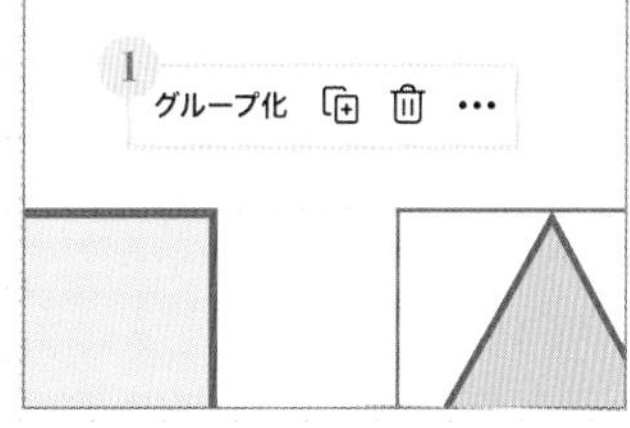

グループ化を解除しよう

グループ解除の方法はとっても簡単! 解除したい要素をもう一度クリックすると、1のように「グループ解除」と表示されるのでクリックをして解除しましょう。またグループ解除をする際もショートカットキーを使えば簡単にグループ解除することができます。

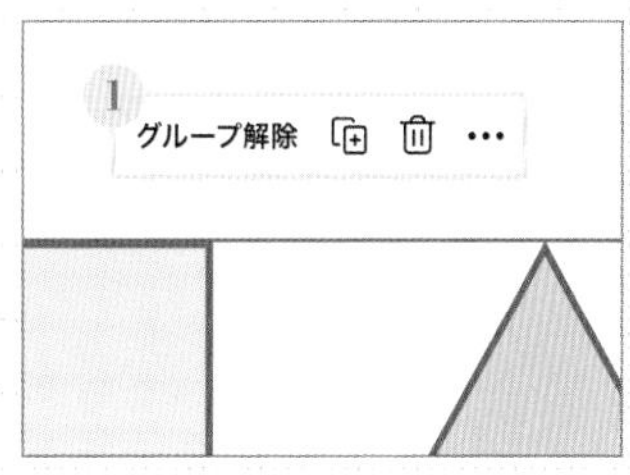

ショートカットキー

グループ化

Mac Command + G

Windows Ctrl + G

グループ解除

Mac Shift + Command + G

Windows Shift + Ctrl + G

Useful to know!

COLUMN

揃えるだけでプロの仕上がりに

テンプレート内の文字を打ち替えたり、イラストを差し替えたりすると、
どこかイマイチに…。そんなときに役立つポイントを紹介します。

POINT

瀬戸内 なつみ
Natsumi Setouchi
123-456-789
ueto_nana@xxx.com
ueto_na_na
ZUZU
大阪府大阪市東地区1-9

端を揃えるだけで綺麗なデザインに！

上のBefore/Afterのように、テンプレートから文字などを打ち替えると、要素の先頭が揃っていないことが多いです。デザイン内の要素を揃えるだけで綺麗なデザインに仕上がります。

Chapter

02

テンプレートを使って パパッとアレンジ カテゴリー別デザインレシピ

この章では Canva のテンプレートを使ったアレンジ技を紹介します。自分が作りたいものやイメージに合わせて、テンプレートを自由にアレンジしてみましょう！

シンプルフレームを短いタイトルで印象付ける

使用フォント / LE JOUR SERIF / セザンヌ

8月のオススメは、すっきりミントの入浴剤。
爽快感と鮮やかなエメラルドグリーンのバスタイムを。

写真を差し替えるときは、配色を写真に合わせて変えるだけでグンとオシャレに。写真を魅せるためにタイトルも短くするとメリハリが出ます。

テンプレート

POINT

01 **英字タイトルを短くしてインパクトアップ！**

02 **配色は写真の色に合わせる**

URL https://www.canva.com/ja_jp/templates/EAE1xFzVzyQ/

Design recipe

1 タイトルは短く大きく

写真の余白に合わせてタイトルを短くして、文字サイズを大きくしてみましょう。元のテンプレートはタイトルが洗練された印象でしたが、文字が目立って安定したデザインになります。また、見る人の目にも留まりやすくなります。

2 トリミングして主役を明確に

商品紹介の広告などは、主役となる商品をクローズアップしましょう。今回使った写真は、周りに配置している植物や装飾でメインの商品の印象がぼやけてしまうので、トリミングで無駄な要素を減らしました。

3 写真に合わせて配色を変える

写真を差し替える場合は色も「写真の色」に合わせて変えるとまとまりが出て洗練された印象に。使っている写真から自動的に色を抽出してくれる「写真の色」という配色機能で色を変えてみましょう！ この機能を使うと、簡単にまとまりのあるデザインに仕上げられます。

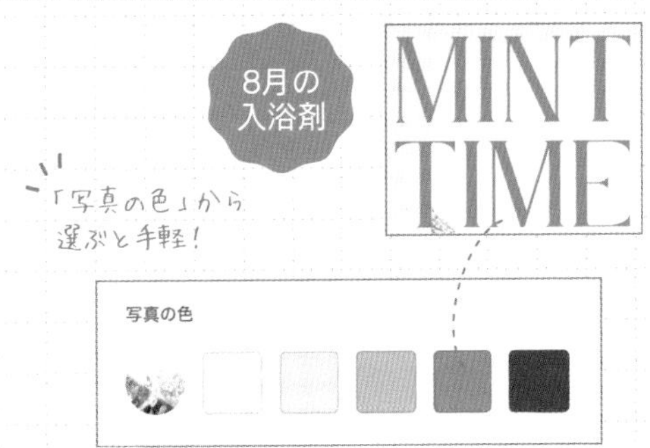

プラステクニック

フレームの色を変える

フレームの色を変えるだけでもガラッと雰囲気が変わります。色の効果で目に止まりやすくなるのでおすすめです！

シンプルデザインを華やかポップに

使用フォント／Adele II（プロ）／Muli／Aileron

シンプルなテンプレートは色々な雰囲気にアレンジできます。目を引きたいなら、フォントを手書き文字にするだけで華やかポップに。

テンプレート

POINT

01 背景を多角形フレームに

02 手書き文字で囲んでおしゃれに

URL https://www.canva.com/templates/EAFMM95Ct6Y-red/

Design recipe

1 背景や図形をいれて華やかに

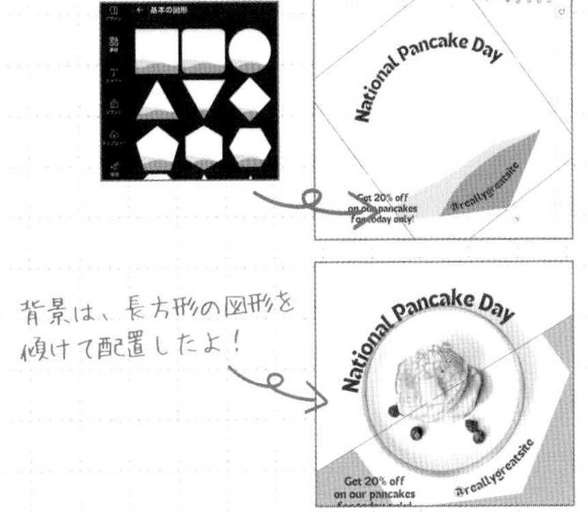

最初にテンプレートの写真を消去します。次に［素材］から六角形のフレームを追加して写真を入れます。フレームを少し斜めに傾けるとおしゃれな雰囲気に。次に背景に［素材］から図形の四角形を完成図のように斜めに入れて、バイカラーデザインにしましょう。背景の色は「写真の色」から２色を選びました。

2 フォントを手書き文字に変える

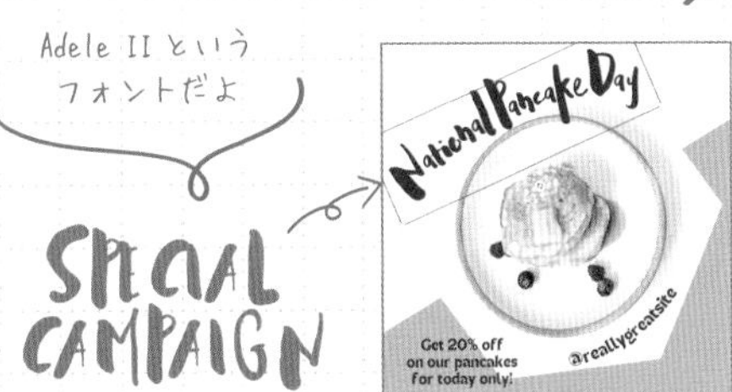

元々あるアーチ状の文字は、フォントをナチュラルな手書き書体に変更。そして、文字を打ち換えたら［エフェクト］の「湾曲させる」のスライダーを調整して、文字がお皿の周りを囲うように配置します。文字間隔を少し広く設定するとバランスが良くなります。

3 ちょこっとイラスト

周りの余白が空いたところにちょっとした装飾を載せてみましょう。キラキラなど、文字が強調されるようなあしらいを追加すると、かわいらしく盛り上がった印象に仕上がります。こうした素材は［素材］で「マスキング」「キラキラ」「あしらい」と検索。

プラステクニック

柄を入れる

ベージュ色の背景の部分に、ここでは水玉模様の柄を入れてかわいい雰囲気に。水玉は［素材］から「柄」と検索したら出てきます♪

太めの帯がきいた雑誌風のデザイン

使用フォント／ Black Mango ／ Amsterdam Two ／ ふい字

Instagramで人気の雑誌風の投稿画像を作ってみましょう。タイトルに帯を敷くとシャレ感があるのに目を引くデザインになります。

テンプレート

POINT

01 タイトルに帯を敷いて目立たせる

02 手書き文字でカジュアルに

URL https://www.canva.com/ja_jp/templates/EAFKnkSjcM0/

Design recipe

1 タイトルに太い帯を敷く

四角の図形を使って文字の帯を作り、右の画像のように端まで配置します。文字は単語ごとに段を変え、文字間を広げると見やすくなります。帯の色は背景とコントラストがつく色、文字色は帯と同系の濃い色をチョイス。タイトルに目がいくよう、背景は１色にしました。

2 手書き風フォントをアクセントに

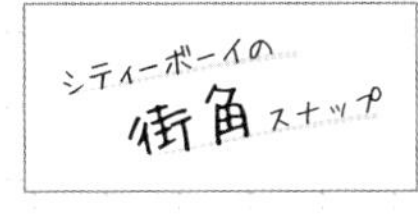

手書き風フォント「ふい字」をアクセントに装飾してみましょう。かっこいい雰囲気から少し柔らかい雰囲気に。文字に下線を引くとより強調されます。線は［素材］から「線」と検索すると様々な線が出てきます。さらに「Vol.」と英字を入れると一気に雑誌っぽくなります。

馴染みやすい雰囲気に◎

3 ふにゃふにゃラインを付け足す

素材を追加してさらにおしゃれなSNS画像にしてみましょう！ ふにゃふにゃとしたラインの素材は「今っぽい」デザインにぴったりの素材です。［素材］から「line twist」と検索すると色々な線が出てくるので、好きなものを選んでみましょう♪

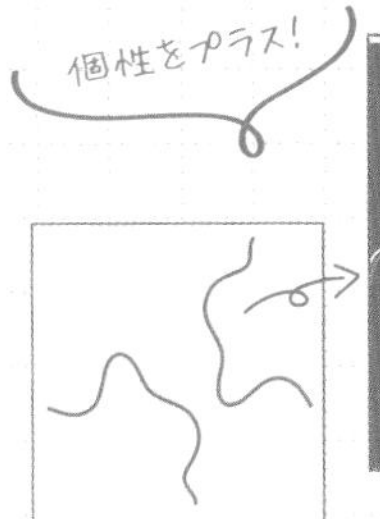

プラステクニック

帯の色を反転させる

タイトルの帯と文字色を１箇所反転させるとさらにおしゃれな印象に仕上がるのでおすすめです◎

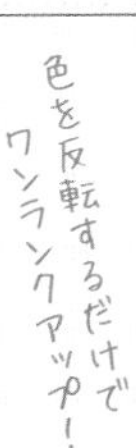

セール広告は版ずれ文字でにぎやかに

使用フォント／ モトヤゴシック w ／ 29LT Zawi

シンプルにまとめたいけどにぎやかな演出をしたいときは版ずれ文字がおすすめです。また、文字サイズにもメリハリをつけるとインパクトもアップ！

テンプレート

POINT

01 中抜き文字を使って版ずれ文字を作成

02 文字サイズに強弱をつけて訴求力アップ

https://www.canva.com/ja_jp/templates/EAEo1EftaqQ/

Design recipe

1 メインの文字を版ずれ風に

特に目立たせたい主役の文字(ここでは「SALE」)だけ大きくし強弱をつけると視認性アップ。さらに、主役の文言のみ同じ文字を2つ用意し、片方は[エフェクト]で「中抜き」を選択し、枠線だけの袋文字に。もう片方は色をチェンジ。2つの文字をずらして配置すれば版ずれ文字が完成!

2 写真のサイズにも強弱を

複数の写真を掲載する際は、その写真のサイズにも強弱をつけて配置するのもおすすめ。片方を大きくすることで目に留まるポイントができ、お店や商品などのイメージも伝わります。また、デザインに動きが出ます。

3 ロゴの場所を三角で作る

デザインの端っこにロゴを入れる場合、三角の図形を敷いてロゴを配置してみると、コンパクトながら存在感が出て目立つようになります。お店のロゴなどがある場合は試してみてください。

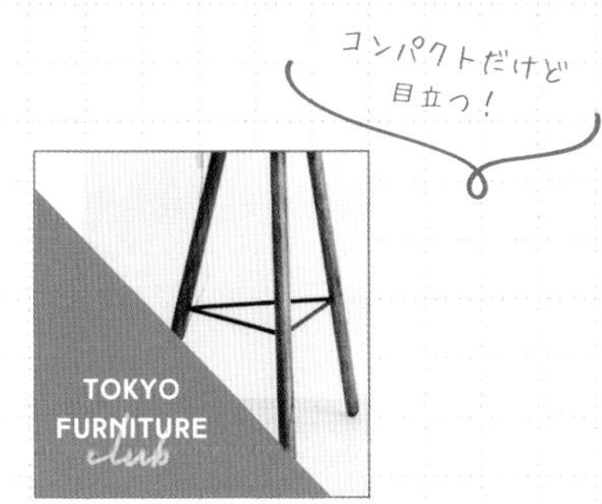

プラステクニック

フレームをつけてキュッと!

周りを線のフレームで囲って、キュッとまとまったデザインに。文字や写真の位置を調整したり、サイズ感を調整して整えましょう。

グラデ背景で オトナかわいい高級感

使用フォント／ The Seasons ／ M＋

洗練された印象にするには、色選びとフォントがポイント。難しそうに見えるグラデーションのデザインもCanvaを使えば簡単に目を引くデザインに。

テンプレート

POINT

01 グラデーションの色は写真の色と合わせる

02 なみなみフレームで写真に動きを

URL https://www.canva.com/templates/EAFMVIxfKyg

Design recipe

1 背景をグラデーションに変更

背景を中央に使用している写真に合う雰囲気のグラデーションに変えましょう。グラデーションの選び方次第で、華やかで綺麗な印象にがらりと変わります。写真の色と似ている同系色の色を選ぶのがポイントです。(グラデーションの作り方はP 24へ)

グラデーションの角度は斜めにするのがポイント!

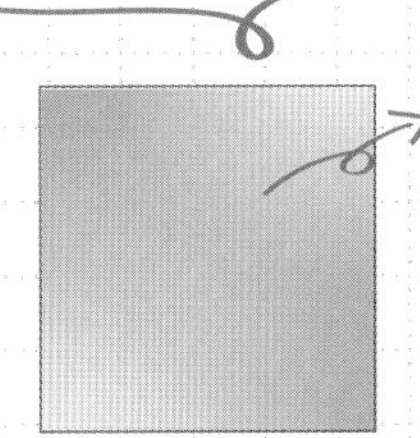

2 写真フレームをなみなみに

なみなみな写真フレームは画面の中に動きがでて、より目を引くデザインに。フレームは［素材］の「フレーム」から「wavy」で検索しました。3つの写真同士の隙間はあまり空けすぎないようにし、一つのかたまりのように配置することで全体にまとまりがでます。

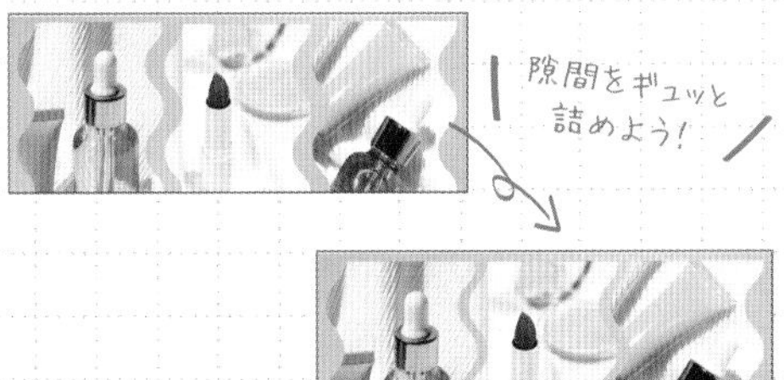

隙間をギュッと詰めよう!

3 セリフ体を使って高級感プラス

文字を追加し、フォントを洗練された印象のセリフ体にすると高級感を演出できます。また、目立たせたい「70%」の数字だけを大きくし、視認性を強く。タイトルの中心に時計の素材を入れたり、水滴を追加して世界観やテーマに合う演出を加えるのも◎。補足情報はバナーの一番下に。

フォントは「The Seasons」を使っているよ!

素材検索ワード「水滴」「時計」

TIME SALE

プラステクニック

光を入れてみる

背景や文字に光の素材や追加でグラデーションをいれることでさらに魅力的なデザインになります。[素材]から「光」で検索してみよう!

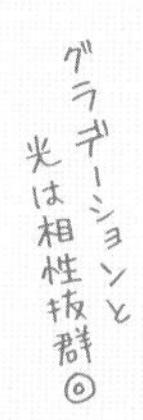

ネオン素材を使って夜の看板風に

使用フォント／ Nickainley ／ Poppins ／ Noto Sans JP

文字の配置は元のテンプレートを活かし、背景にイラストを散らしてネオン看板のようなデザインを作ってみましょう。

テンプレート

POINT

01 **ネオン素材を使ってみよう**

02 **デフォルトのテキストスタイルを使っておしゃれに早ワザ**

URL https://www.canva.com/ja_jp/templates/EAFIA_AUxLo/

Design recipe

1 背景を昼から夜へ

元の背景画像を削除し、[素材]から「夜　背景」と検索して背景を変更します。これから加えるネオン素材が映えるよう、夜の写真を選ぶのがポイントです。

2 ネオン素材を散らす

元テンプレートの左右にある、強調線のあしらいは削除し、[素材]から「ネオン」と検索をしてネオンの強調線に置き替えます。また、タイトル周りが寂しいのでネオンのイラスト素材を加えて華やかにしましょう！ 空間を埋めるイメージで配置するとバランスよく配置できます。

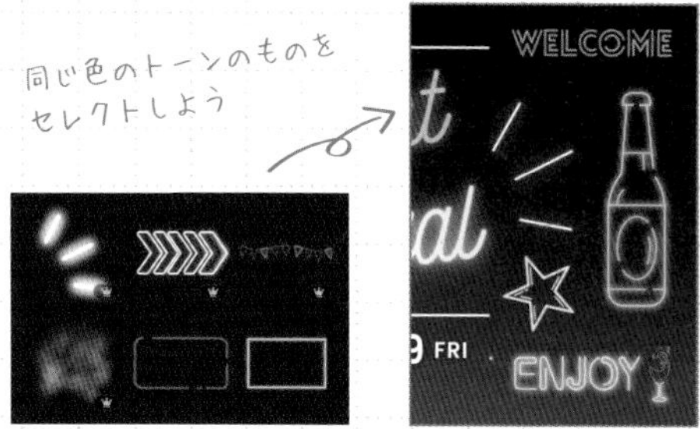

3 テキストスタイルで早ワザ

タイトル文字もネオン風に。テキストボックスを選択し、[エフェクト] のスタイルから「ネオン」を選択するとネオン文字に。また、サイドパネル [テキスト] で「ネオン」と検索すれば、沢山のデフォルトテキストが出てきます。好きなものを選んで、文字を打ち換えていきましょう。

プラステクニック

タイトル周りの上下の線を消す

タイトル周りにある上下の線を消します。消したところに少し空間ができるので文字を大きく調整してスッキリさせてみましょう！

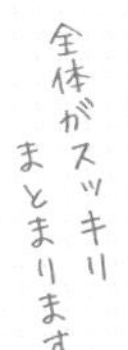

Design recipe Design recipe

07

柄素材を使ったナチュラルなカレンダー

使用フォント／ The Seasons ／ はんなり明朝

Instagramのストーリーで使えるカレンダーをナチュラルな雰囲気に。

テンプレート

POINT

01 線の細い図形をあしらって大人っぽく

02 ゴールド柄素材を下に追加する

URL https://www.canva.com/ja_jp/templates/EAFSxBpMey8/

Design recipe

① 線が細めの図形を使って大人っぽく

枠線が細い図形を使って大人っぽく洗練されたデザインに変えていきましょう。[素材]で「図形 線」と検索すると沢山の素材が出てくるので、下の画像のように並べていきます。図形を配置するときはカレンダーの幅に合わせるとバランスよく配置できます。

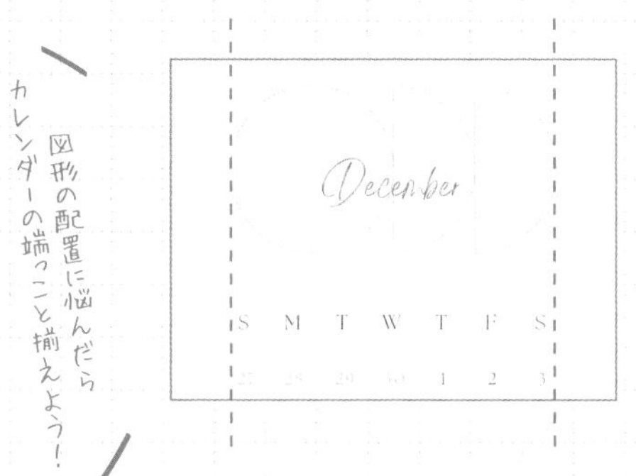

図形の配置に悩んだらカレンダーの端っこと揃えよう！

② 文字と背景の色を変える

文字と背景が、冬の印象が強い配色なので変更します。ここでは大人っぽい雰囲気にしたいので、背景は明るいベージュにし、文字の色はベージュと相性のいいブラウンにするとまとまりが出てgood！！「月」の部分を「日付」と同じフォントの種類にして統一感を出します。

「The Seasons」というフォントに変えよう♪

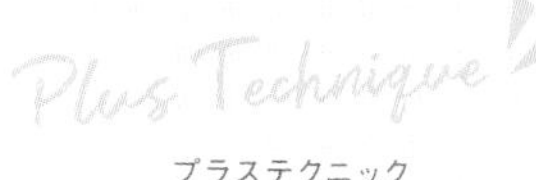

③ 柄素材を下に追加する

テンプレートの上下に配置された雪の結晶は消去し、下に柄素材を追加しましょう。背景が中間色のベージュだと、比較的どんな柄でも相性抜群。今回は大人っぽくしたいのでゴールド素材を入れました。柄素材は[素材]から「パターン」と検索をします。また、背景柄に合わせてカレンダーに入る定休日のマークも変更を。左ページの完成図では定休日のマークを水彩素材にしました。

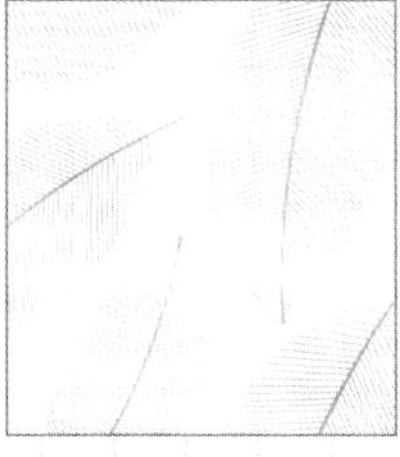

Plus Technique

プラステクニック

柄を上下にいれてみよう

下の柄をコピペして上にも柄素材を配置すると柄の印象が強まり、より華やかなデザインになります。

柄素材を変えて雰囲気を変えよう♪

タイトル部分の注目度をアップさせよう

使用フォント／ Noto Sans JP ／ Kiwi Maru

視認性の高い日の丸構図のバナーはタイトル部分に少し工夫を加えると、さらに訴求力がアップします。

テンプレート

POINT

01 中央の丸のサイズを大きく

02 リボンを追加してワンポイント

URL https://www.canva.com/ja_jp/templates/EAFTY0d6wPM/

Design recipe

思い切って丸を拡大しよう

1 中央の丸を大きくする

日の丸構図の中央の丸は大きければ大きいほど注目度が上がります。丸の色も周りの写真よりも明るい色を選ぶのがポイント。ここでは白を選んでいます。白は万能なのでおすすめです。丸の図形に写真が隠れすぎないように、写真の位置は調整しましょう。

>

2 リボンを追加して視線をあつめる

丸の図形に、「リボン」や「点線」などの素材を追加しさらに注目を集めるデザインにしてみましょう。点線のタッチやリボンのデザインによって色々な雰囲気に変わるので試してみてください。

リボンの色味は写真の色からセレクトしよう!

3 タイトル部分を工夫して訴求力アップ

タイトル部分で強調したい文言などがあるときは文字サイズを大きくし、色を変えるだけでタイトルにリズム感が生まれ、読みやすくなります。また、タイトルの上にあるキャッチコピーは湾曲させることでタイトルとは別に目が留まるポイントが生まれます。

メニュー上にある[エフェクト]の「湾曲させる」を使って湾曲させよう!

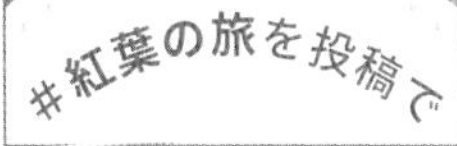

抽選で5名様に
豪華景品を
プレゼント

文字サイズを変えて伝えたいことを強調

プラステクニック

半円で詳細へのボタンを加える

デザイン下部に半円の図形で「詳細はこちら」というクリックボタンを作っても◎。中央揃えで配置し、統一感を出しましょう。

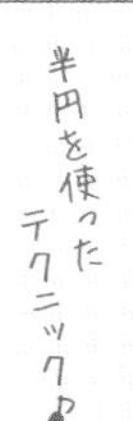

09 アナログ質感の紙素材でフェミニンなコラージュ風に

使用フォント／ ほのか明朝 ／ TAN Garland（プロ） ／ Brittany

背景の下半分程度に、じわっとした質感のある紙素材を配置して、抜け感のあるフェミニンなデザインを作りましょう。

テンプレート

POINT

01 **背景の一部を紙素材に変える**

02 **情報は対角線上にいれる**

URL https://www.canva.com/ja_jp/templates/EAFo9mVMiR4/

Design recipe

1 紙素材を追加してコラージュ風に

写真の背景に敷いている図形を、紙素材に置き換えるとガラッと雰囲気が変わります。今回はコラージュ風のデザインにしたいので、アナログ感のある紙素材を選びました。[素材]から「パターン 水彩」と検索すると沢山の素材が出てきます。

背景上部の枠の色も素材に合わせたカラーに！

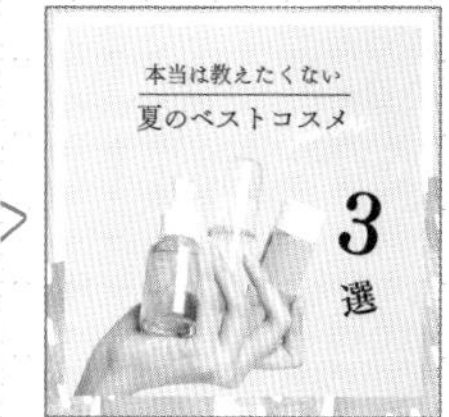

2 筆記体の英文字は大きく透かして

タイトル横の筆記体の英文字を好きな文字に打ち替えて、透明度を「40」程にして拡大。デザインの下部に配置します。写真・背景・文字と素材を重ねることで、コラージュ風の装飾の一部にしましょう。

さらにコラージュ感がアップします！

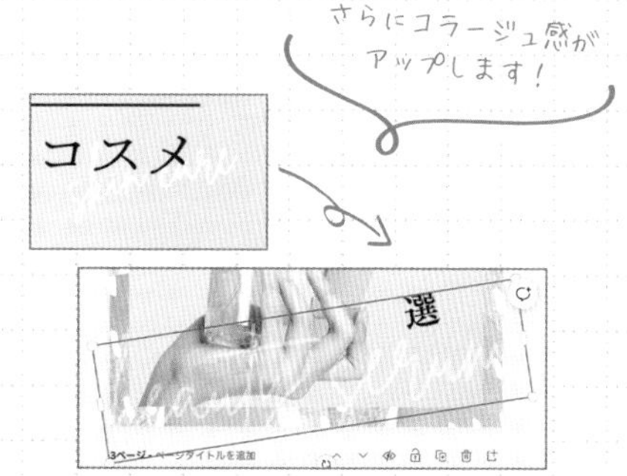

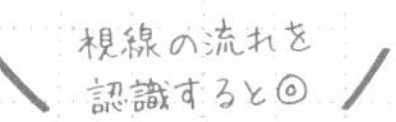

3 情報は対角線上にいれる

タイトル部分と「7選」を対角線上に配置することで、視線を誘導しやすいバランスのいいデザインにすることができます。また、「7選」は図形の丸の中に入れてまとめると視認性も高まります。

視線の流れを認識すると◎

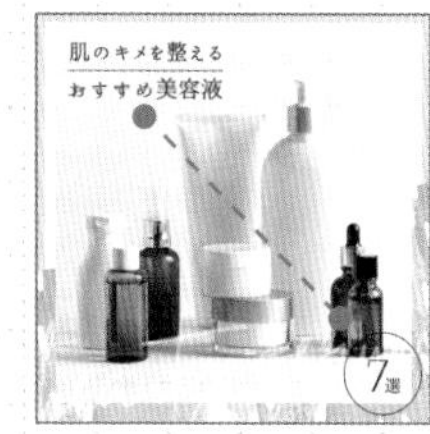

プラステクニック

対角線上に紙素材を移動しよう

背景に敷いている紙素材を対角線上に配置するのもgoodバランス！ 写真のサイズも縦長にして紙素材の面積を増やすと◎。

対角線上に配置してバランスよく♪

イラストで ワクワクにぎやかに

使用フォント／ Crayon（プロ）／ふい字／源柔ゴシック

タイトルの周りにテーマに合ったモチーフのシルエットイラストを散りばめて、夜の雰囲気やワクワク感を演出します。

テンプレート

POINT

01 シルエットイラストを散りばめる

02 背景に写真を敷いてイラストを透過

URL https://www.canva.com/ja_jp/templates/EAFdDy4hzEI/

Design recipe

1 背景を夜の写真に変更

背景を写真に、中央の写真を色背景に変更します。まずは、背景を夜のキャンプの写真に。後で、写真の上にイラスト素材を配置するので暗めの写真を選びましょう。次に中央の写真フレームを選択し、上のメニューにある［カラー］で色を変えると写真が色背景に変わります。ここでは、文字が見えやすい色をチョイス。

2 イラストはタッチを揃える

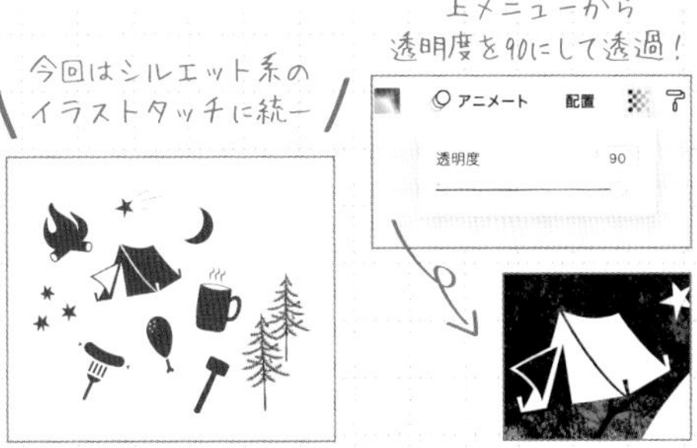

［素材］から「キャンプ 月 星」など検索して沢山のイラスト素材を配置していきましょう。それぞれのイラストに角度をつけたり、イラスト同士が対角線上になるように配置。またイラストだけ、浮いて見えるときは、イラストの透明度を下げるとより馴染みます。

3 フォントを変えて雰囲気を作る

タイトル文字のフォントを変更して世界観を作り込みましょう。ここでは楽しげなイラストのタッチに合う手描き風に。完成図の「9/16 OPEN」のような枠線だけの文字にしたいときは文字を選択→上メニューの「エフェクト」→「中抜き」を選ぶと枠線だけになります。

プラステクニック

イラストとタイトルの色を変える

背景をネイビーで塗り、中央のいびつな丸とイラストはくすんだベージュにし、イラストの一部を黄色にして、アットホームな印象に！

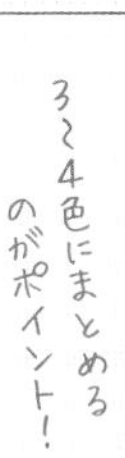

Design recipe

11

1枚の写真を2分割で見せてセンスよく

使用フォント／ Source Han Serif JP ／ Higuen Elegant Serif

写真の入れ替え方もアイデア1つで視覚的に面白みのあるデザインになります。

テンプレート

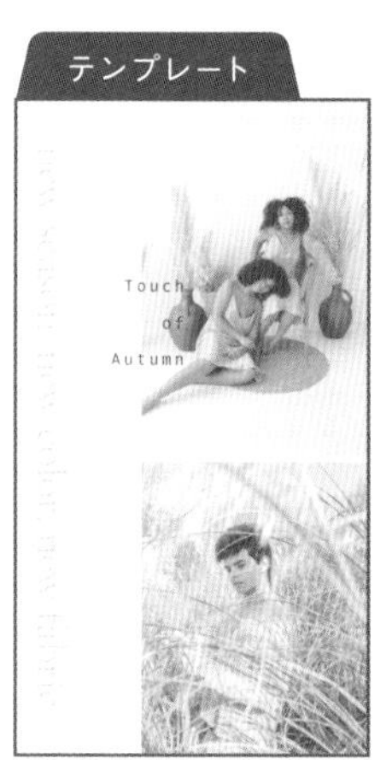

POINT

01 1つの写真を2枚に分割

02 タイトルに波線を入れてかわいく

URL https://www.canva.com/ja_jp/templates/EAFLboUbbSI/

Design recipe

1 1枚の写真をあえて2分割で見せる

下の画像のように、1枚の写真を2分割して、写真が上下でつながって見えるように配置。あえて2枚で1枚絵になるように見せることで視覚的な面白さが誕生し、ワンランク上のデザインになります。

2 糸のような素材をいれる

デザインの下部に糸のような素材を入れてさりげなくおしゃれに装飾。[素材]→「糸」と検索してデザインに追加しました。素材を配置するときは対角線上になるようにするのがポイント。次に背景を写真の雰囲気の合うカラーに変更。さらに[素材]→「方眼」と検索して、透過させ馴染ませて配置。また、写真は背景の方眼が透けて見えるので、後ろに白の図形を置きましょう。

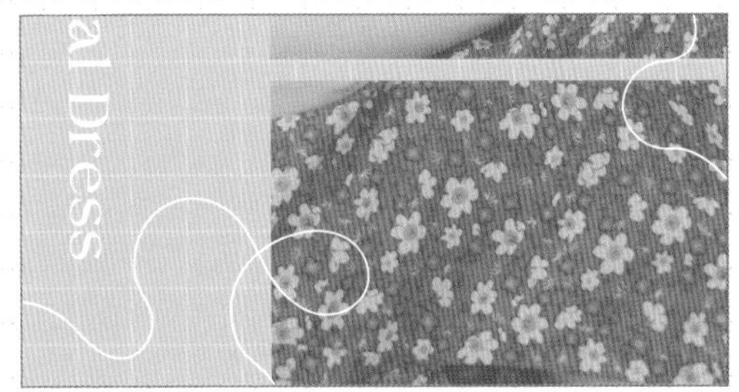

3 タイトルに波線を入れる

タイトルのフォントを綺麗な印象の「Source Han Serif JP」にします。強調させたい文字(ここでは「エモかわいい」)を太字にしたり、文字の上に丸を入れたりして視認性を強くしましょう。また、波線を入れておしゃれにしていきましょう! 線は[素材]から「波線」と検索します。

Plus Technique!
プラステクニック

写真サイズの比率を変える

2分割にしているうちの下の写真を消去し、上の写真のサイズを大きくして、写真メインのシンプルなデザインにしても素敵です。

Design recipe

12

余白のあるシンプルな デザインにかわいさをプラス

使用フォント／ つなぎゴシック ／ Lato ／ さわらびゴシック

NEW

チーズがたくさんのった期間限定のパスタ。

当店オリジナルの太い麺とトマトソースがよく絡みます。

余白を活かしたシンプルなデザインに少し工夫するだけでかわいらしいデザインに。

テンプレート

POINT

01 タイトルの四角枠を他の形に変える

02 白背景の一部に色地を敷いてみる

URL https://www.canva.com/ja_jp/templates/EAFa9fU9whw/

Design recipe

1 タイトル部分をリボンの形に

タイトル部分の四角をリボンの形に変えることで、デザインのアクセントとして目立ちつつも、かわいらしいデザインになります。色々な形を試してみましょう。色は写真に合わせた色にチェンジすることでまとまります。

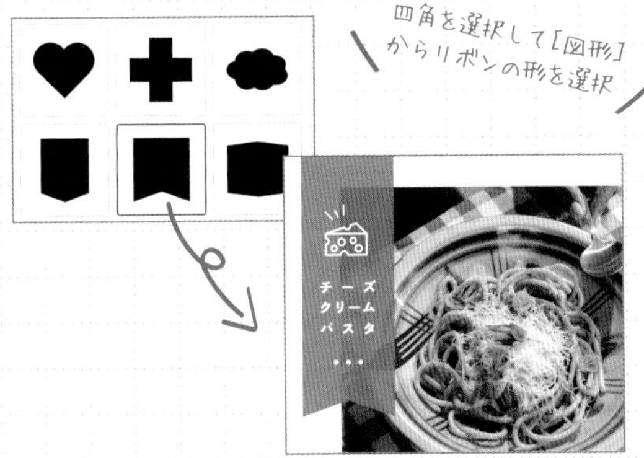

2 文字周りに素材をプラス

打ちっぱなしの文字の部分にあしらいやイラストを添えるだけで、完成度がグッと上がります。ここではかわいらしいデザインにしたいので［素材］から小さなリボンを追加。文字は細いフォントがシンプルでgood! 文字と素材は①に色を合わせて。

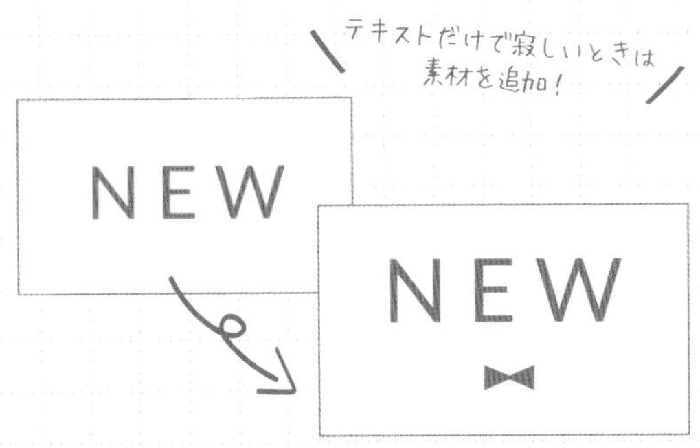

3 背景に色地をいれて見やすさアップ

小さなサイズの色文字で長文を入力すると、白背景では文字が見にくくなることがあります。背景の一部に色を敷くと一気に雰囲気が変わり、タイトルや説明文など各グループごとのまとまりが明確になり見やすいデザインになります。

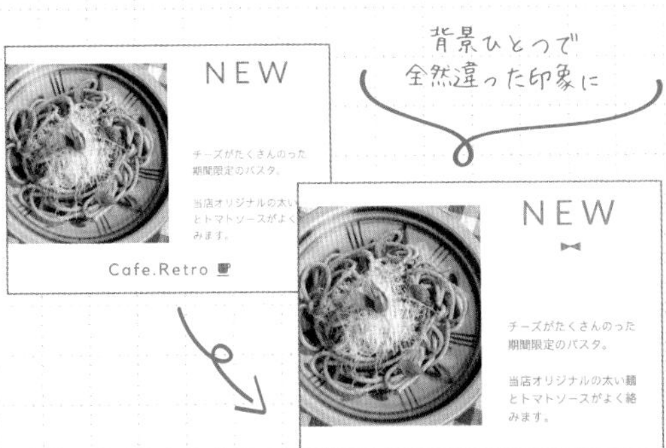

プラステクニック

色背景を写真に重ねて前後感を

写真の背景に敷いた色背景をコピペし、色を変え、ずらして重ねるとかわいらしくなります。次に２つとも一緒にコピペし、写真の前に貼り付けて前後感を出すもの◎。

Design recipe 13

図形を使ってにぎやかクリスマスバナー

使用フォント／ Mak ／ Albertus Nova（プロ）

図形を散らしたり、プレゼント箱のデザインをプラスしたりして、ワクワク感の高まるクリスマスバナーにしてみましょう。

テンプレート

POINT

01 リボンを同系色でまとめて馴染ませる

02 クリスマスカラーの図形を散らす

URL https://www.canva.com/p/templates/EAFR2D3ZgsI--line/

Design recipe

同系色にして、
調和のある配色に！

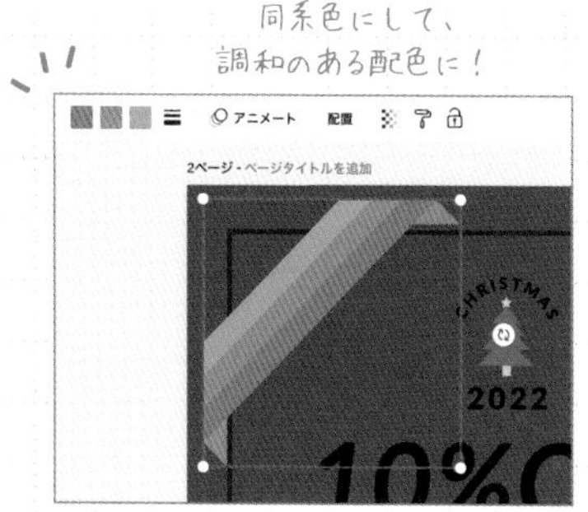

1 レイアウトは活かして色を変える

中央の白い背景は外側の囲み枠と同じグリーンに変えて、黒の囲み線はリボンのフチに合わせてサイズ調整。リボンの色はサーモンピンクのグラデーション配色に変えましょう。オブジェクトを選択すると左上にカラーが表示されるので、そこをクリックすると色を変更できます。

使う色は3～4色までにするとまとまった雰囲気に！

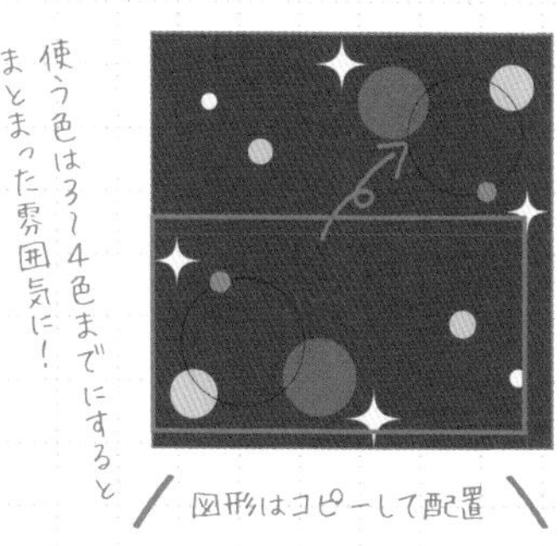

図形はコピーして配置

2 図形を入れてにぎやかなデザインに

[素材]の中にある図形を使ってにぎやかな印象にしてみましょう。左下にあらかじめ図形を数個配置します。次に配置した図形をグループ化してまとめてコピーし、反転させ、右上に対角線上に配置すると作業が楽ちんに。レイヤー機能で、素材の順序を変え全体を整えましょう。

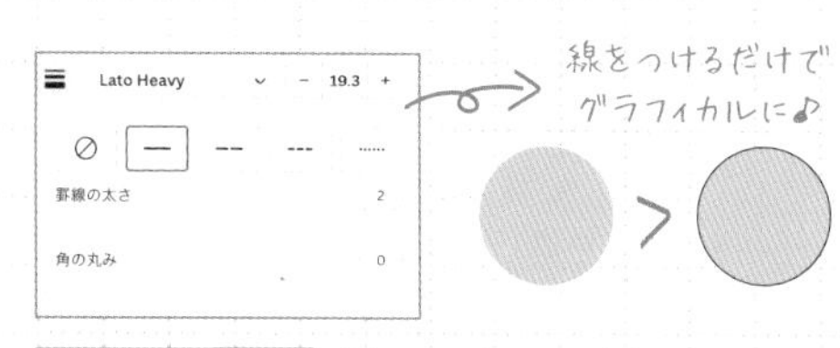

線のついたイラストを
追加するのもおすすめ◎

[素材]から
「ギフト 線」で検索♪

3 図形や文字に線をつける

全体がのっぺりとした印象になる…。そんなときは線をつけるだけで、グラフィカルなデザインに。図形に線を入れるときは、メニュー上の[罫線スタイル]からつけることができます。また、文字に線をつけるときは[エフェクト]のスタイル「袋文字」にすると線が出てきます。

プラステクニック

フォントチェンジで特別感UP!

フォントを筆記体に変え、パーティー仕様にアレンジ。ここでは「JA Jayagiri Script」というフォントに変えてみました。

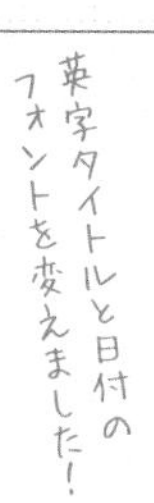

Design recipe Design recipe

14

白の抜け感のある水彩デザイン

使用フォント / Moon Time / ZEN 角ゴシック NEW / Source Han Sans JP

白を多く取り入れ、余白を活かした空気の流れを感じられるような、抜け感のあるデザインに。ニュートラルなテイストなので、旅やインテリアなど幅広いジャンルで使えます。

テンプレート

POINT

01 写真のフレームをぐにゃっと

02 白い枠をつける

URL https://www.canva.com/p/templates/EAFdFbLeQ5o--/

Design recipe

1 写真をぐにゃっとフレームにはめる

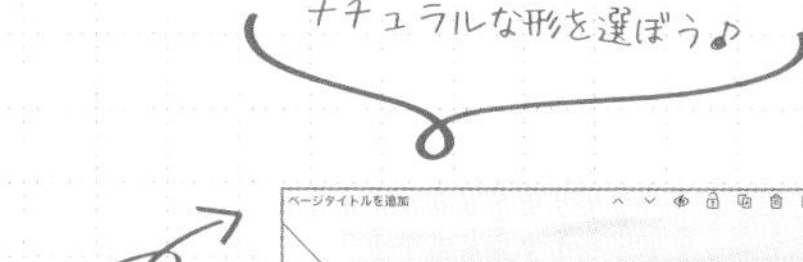

元々配置されている写真を削除し、［素材］の「フレーム」から、写真フレームを選びます。ここではナチュラルでやわらかな印象にするため、ぐにゃっとしたフレームを拡大し右の画像のように配置しました。フレームは最背面に配置しましょう。フレームが配置できたら、写真をはめ込みます。

2 周りに余白を作って抜け感を

[素材]から図形の四角を選び、サイズを調整してバナー周りに白い枠を作ります。枠の中央に英字の文章を追加しましょう。また、抜け感のあるデザインにしたいので文字の間隔をいっぱいにあけましょう。上のメニュー［スペース］から、文字間隔の調整を行います。

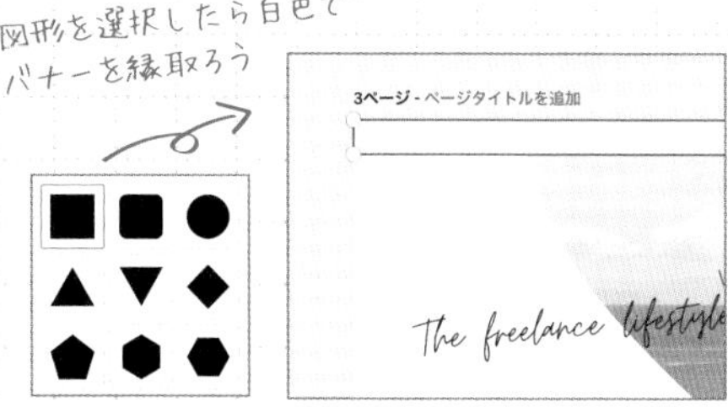

3 水彩素材でナチュラルに飾る

[素材]から「水彩」と検索すると色々な水彩の素材が出てくるので飾ってみましょう。水彩素材はやわらかなかわいさを演出できます。ここでは爽やかなレモンイエロー色の水彩素材を選びました。素材を選んだら次は素材を写真の前後に配置してみましょう。

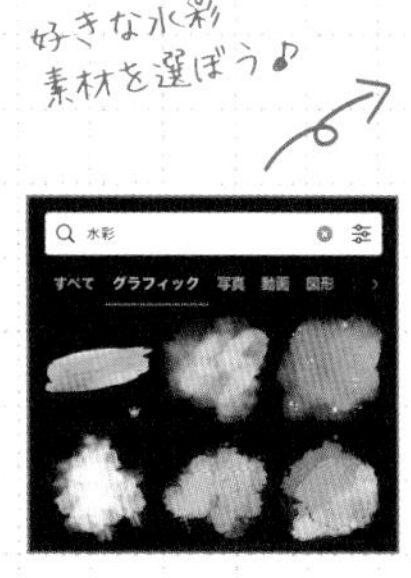

プラステクニック

線の素材を入れてみる

［素材］から「曲線」を検索し、好みの曲線を探しましょう。シンプルで抜け感のあるデザインにするため、細めの線の素材をチョイス。

写真がないときは イラストに差し替え！

使用フォント／ Kiwi Maru ／ ヒカリ角ゴ extended

知って
得する
節約術
オンラインセミナー

講師
松井 ひとみ

2024
5.15 wed
18:00 START

使いたいテンプレートがあっても、自前で用意できる写真がない場合は、Canva 上で用意されているイラストを使って解決しましょう。

POINT

01 人物写真の代わりにイラストを使う

02 文字に下線を引いて可読性アップ

URL https://www.canva.com/ja_jp/templates/EAFfMm6ysQI/

Design recipe

1 写真をイラストに差し替える

テンプレートに配置されている写真を削除し、[素材]から「人物」と検索すると色々な素材が出てきます。ここではテンプレートの真面目なデザインを活かしたいので、モノクロのイラストに。元の写真と同じ構図を選んだり、トリミングすると収まりが良いです。

テンプレートと同じテイストのイラストを選ぼう

2 線を追加して内容を強調

イラストに差し替えると、写真に比べ文字とのメリハリが弱くなります。文字に下線などを引くと、タイトルに目が留まるデザインに。[素材]から「線」と検索して好きな線を配置してもOK。下線を引くとカッチリした印象になる場合はフォントを丸ゴシック系にするのがおすすめ。

下線は点線のラインにそってきっちり揃えよう

3 ドットの素材でにぎやかに

少し物寂しい印象がある場合はドットを追加すると、イラストの邪魔をせずににぎやかな印象になります。[素材]から「ドット」と検索し、好きなドットをデザインに追加してみましょう。ここでは解説①のモノクロイラストに合わせて黒のドットを選びました。

違うドットでも試してみてね！

プラステクニック

背景の四角を回転してひし形に

背景の黄色の四角をクリックすると、回転マークが出てきます。クリックしながら回転し、ひし形にすると動きが出ます◎。

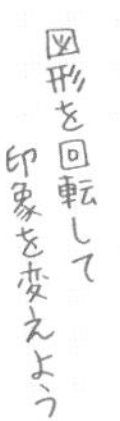

Design recipe

16

写真をぼかして重ねる

使用フォント／ セザンヌ ／ つなぎゴシック ／ コーポレート・ロゴ

ぼかし加工を施した写真の前面に、未加工の同じ写真を重ねて配置するだけでワンランク上のデザインに。

テンプレート

POINT

01 ぼかし写真を重ねてシーンにフォーカス

02 フチ文字は少し見切れさせる

URL https://www.canva.com/p/templates/EAFlbh3gFGM--/

Design recipe

1 同じ写真を2枚重ねてぼかす

元テンプレートの写真と四角のフレームを削除。使いたい背景写真を［最背面］に配置。写真を選択した状態で［写真を編集］の［エフェクト］「ぼかし」加工に。その前面に、ぼかした写真よりやや小さめに［素材］から四角のフレームを中央に配置。未加工の同じ写真をフレームはめこみ、シーンにフォーカス。

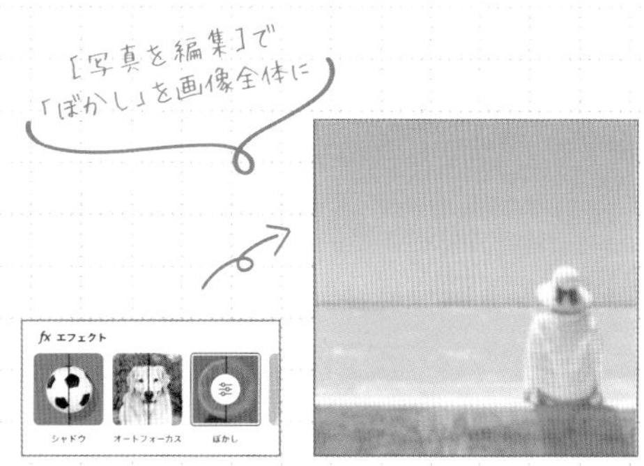

2 文字を端に寄せて切れさせる

テンプレートにあるフチ文字を画像の上下の両端に移動させ、文字のはしっこが少し切れるように配置しましょう。フチ文字は少し透過させると抜け感がプラスされます。

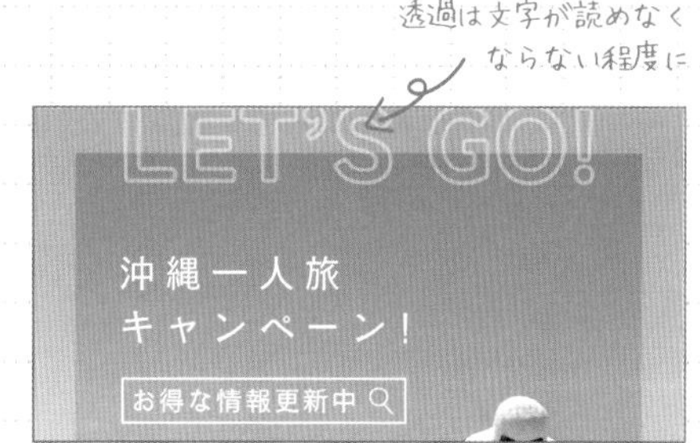

3 文字の位置を変えてバランスよく

解説①で配置した写真に合わせて文字の位置を変えてみましょう。今回、右下に人物を配置したので、文字は左揃えで人物の対角線上に移動させて、視認性を上げました。そのとき、文字の左端を上のフチ文字とも揃えると、全体的にまとまりがでます。

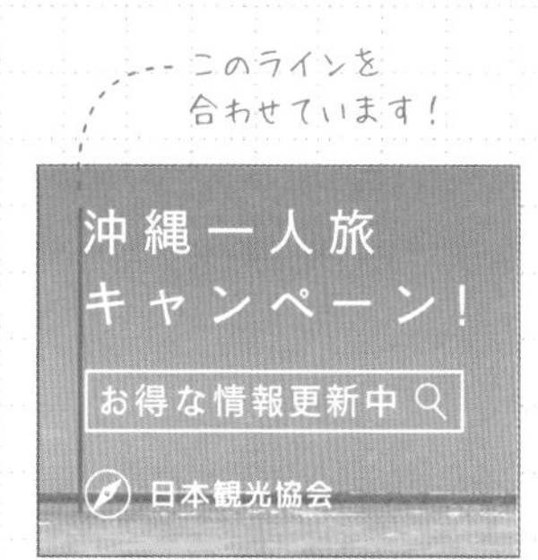

プラステクニック

イラストで遊び心を追加！

写真と関連するシルエットイラストを追加し、遊び心のあるデザインに。ここでは旅行のバナーなので飛行機のイラストを追加しました。

グラデ図形で近未来を感じるデザインに

使用フォント／ スマートフォントUI ／ Montserrat

グラデーションの図形を使って流れるような近未来デザインにしましょう。

テンプレート

POINT

01 **グラデーションの図形を使ってデザインに動きを**

02 **右側の白丸の位置を移動**

URL https://www.canva.com/p/templates/EAFfCMBqAoo/

Design recipe

1 図形を使ってスペーシーな背景に

［素材］から角丸の長方形の図形を加えて宇宙のようなイメージで近未来っぽさを作っていきます。図形はグラデーションにし斜めに配置していくと動きが生まれます。図形を配置するとき、右の画像のように同じ図形の上に半透明の図形をのせて少し位置を変えると残像のような表現にできます。

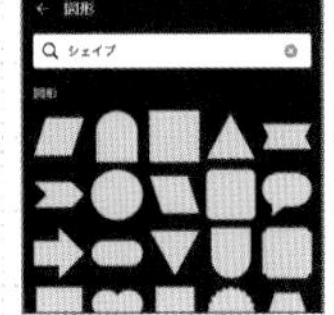

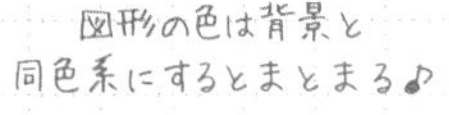

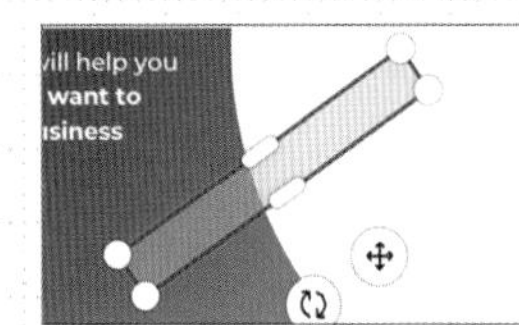

位置をズラして重ねると、
残像のような表現に!

2 人物写真を入れてイメージをアップ

デザインの内容に合った人物写真を入れることで、ユーザーにバナーの内容や意図が伝わりやすくなります。また、人物の写真をバナーの雰囲気に合わせるために、［写真を編集］でフィルターを使い加工します。ここでは「ヒートウェーブ」の加工を少しだけかけました。

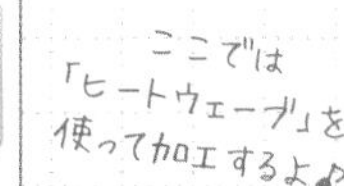

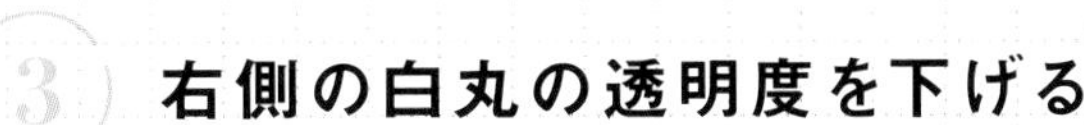

3 右側の白丸の透明度を下げる

テンプレートの右側にある白丸の図形を写真のサイズに合うように少し右側に移動させます。次に透明度を下げて写真と馴染むようにします。透明度の調整は上メニューの「透明度」から調整が可能です。文字は世界観を壊さないよう、細めのフォントに変更しました。

レイヤーから、白丸を選択。
透明度を少し下げよう!

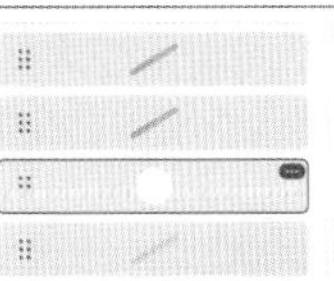

Plus Technique
プラステクニック

図形の透明度を調整して奥行き感を

1つ1つの図形の透明度に差をつけるとデザイン全体に奥行きが出て、完成度がさらにアップします。

色のタイルを敷き詰めたオシャレなバナー

使用フォント / ALTA / 刻ゴシック / Vidaloka / 源柔ゴシック

四角の写真と四角の図形をタイルのように敷き詰めてカラフルバナーに。

テンプレート

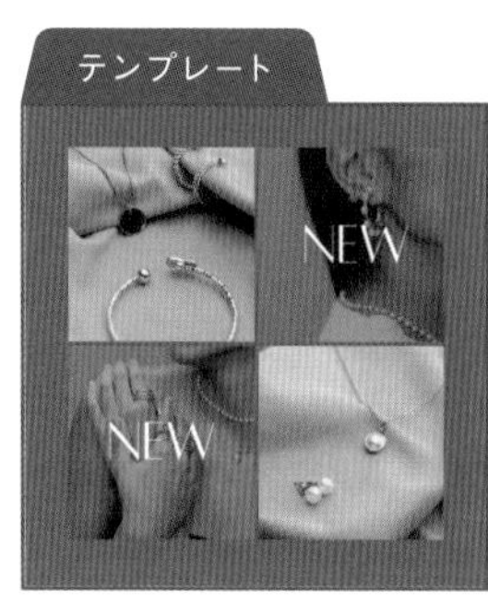

POINT

01 写真を消去し図形を追加する

02 情報にワンポイントをつけて読みやすく

URL https://www.canva.com/p/templates/EAFI6jxOGFM/

Design recipe

1 写真を4つから2つに変更

元々テンプレートにある4つの写真は1つのグループになっていますが、消したい写真をクリックするとゴミ箱マークが出てきます。ゴミ箱をクリックし、「画像を消去」で画像が消え、フレームだけ残ります。このフレームを背景の色と同色にし一部消えたような加工にしましょう。

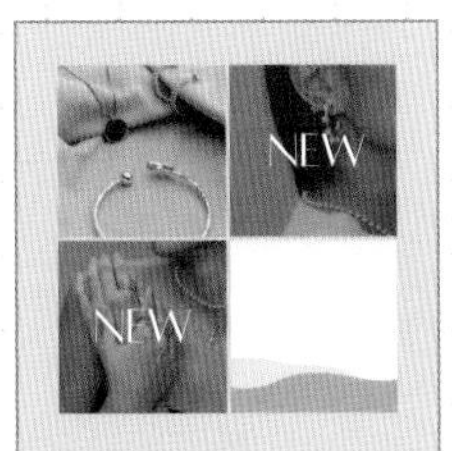

写真を消去したらフレームだけが残ります

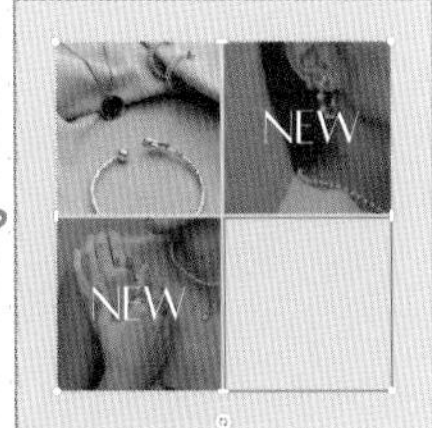

フレームに背景の色をつけたら完成◎

2 図形と写真で模様を作る

[素材]から正方形を追加し、形を長方形に変えたりして模様を作っていきます。写真も差し替えます。その際に元のテンプレートの写真補正は解除しましょう。図形の色は写真の色からとり、3色くらいに絞ると統一感が出て◎。

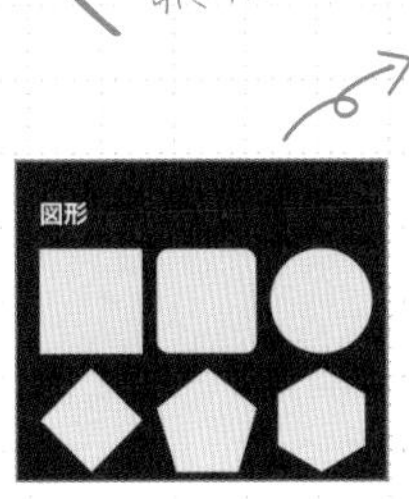

正方形を追加したり、引き伸ばして長方形にしたり

3 情報にワンポイントを追加

文字を追加し、タイトルや詳細情報などを入れます。文字だけが並んでいる状態だと見づらいので線などで区切ってあげると見やすくなります。ここでは波線を使っています。また、文字にエフェクトをかけて円状に湾曲させてみたりするのもおすすめです。

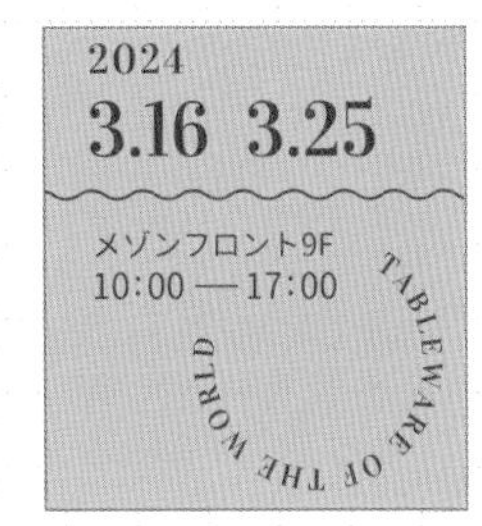

波線にしたり、文字を湾曲させてみましょう

プラステクニック

扇形に変えてオシャレ度アップ

正方形の図形を扇型に変えて、丸みをつけるだけで、オシャレ感が出ます。[素材]から「半円」と検索し、追加してみましょう!

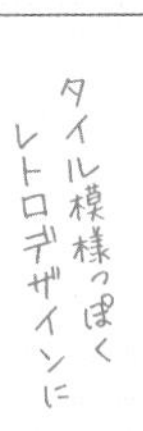

19 もくもくフレームでレトロポップに

使用フォント／ Shrikhand ／ Bugaki ／ ハミング(プロ)

雲形のあしらいを活かしながら、文字は太めに、配色は70〜80年代のくすみ派手カラーに変えて、レトロ感のあるデザインにアレンジしてみましょう。

テンプレート

POINT

01 色を暖色系のくすみカラーに

02 フォントを丸みのある レトロ調のものに変更

URL https://www.canva.com/ja_jp/templates/EAFeYym-Km0/

Design recipe

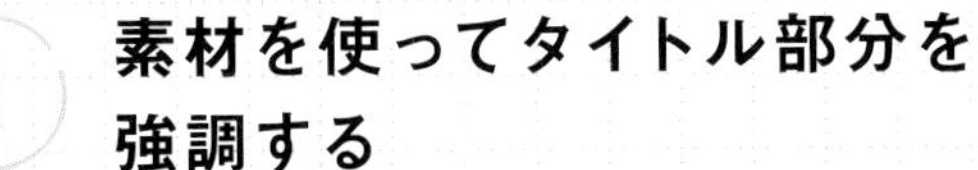

1 素材を使ってタイトル部分を強調する

テンプレートの素材をそのまま移動して活用しましょう。この雲の素材は余白があり、タイトル部分に合いそうだったので、ここではタイトルに使用しました。上下反転させてみたり、この素材や上下の枠は色を変えることができるので、好きな色に変えてみましょう。

2 レトロ調の文字をプラス

こんな風に打ち換えたよ!

元のテンプレートの文字を、レトロ調に変えていきます。それぞれ打ち換えて、フォントは「Bugaki」に変え、エフェクトはそのままに、サイズと塗りと線の色を変更し、レトロ感を出しています。また「70」と「%OFF」の文字を少し重ねて配置することで動きも出しています。

3 ギザギザアイコンやあしらいでワンポイント!

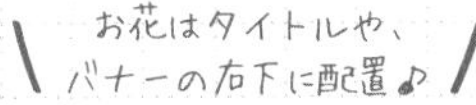

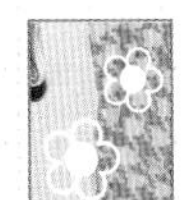

ギザギザアイコンで
目を引くワンポイントも
追加しよう!

文字や情報などを目立たせていきましょう。「WEB限定」のところにギザギザの丸の素材を入れたり、お花の素材をあしらって、全体の雰囲気をポップに仕上げましょう! [素材] から、「ギザギザ」や「お花」で検索してみてください。

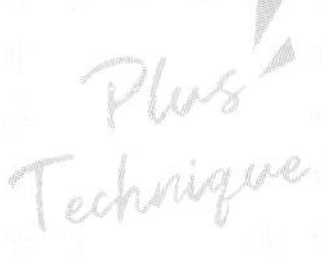

プラステクニック

上下の枠の角度を変える

上下の枠の角度を斜めにすることで、画面全体に動きが感じられるデザインにすることができます。

斜めスラッシュで動きを作る!

タイトルフレームで和モダンに

使用フォント／ はんなり明朝 ／ 筑紫Aオールド明朝 ／ Barlow Condensed

タイトル文字の背景にフレームを重ねて、立体感のあるタイトルが印象的なバナーにしてみましょう！

テンプレート

POINT

01 **文字の背景にフレームを敷いてみよう**

02 **フレーム内にも素材をプラス**

URL https://www.canva.com/templates/EAFJkc34ZVw/

Design recipe

1

フレームを敷いてモダンカラーに

文字の背面にフレームを敷き、素材を加えてロゴっぽく飾ってみましょう。完成図のフレームは［素材］から、「text box japanese」と検索しました。線や、塗りの色を変えてイメージを合わせていきます。カラーでモダンな雰囲気を出していきましょう。

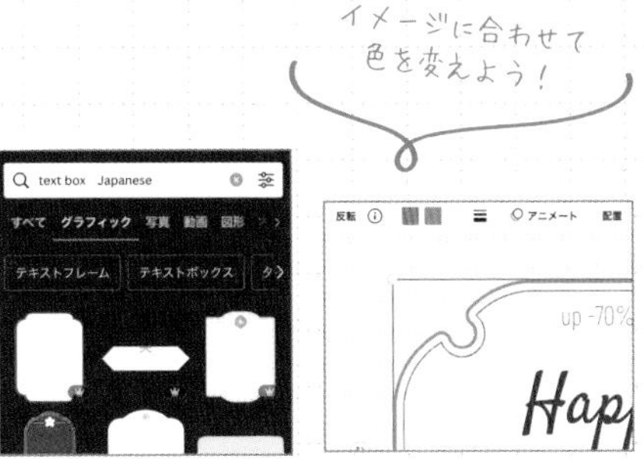

2

文字と素材で和風感を作り込み

フレームの中を装飾していきましょう。文字は「はんなり明朝」で、打ち換えました。タイトル上下の点線は［素材］から「点線」を検索し、配置。元々あった、「Buy Now!」のアイコンは、サイズを小さくし「ご購入はこちら」と打ち替え、フレームの外に移動させました。

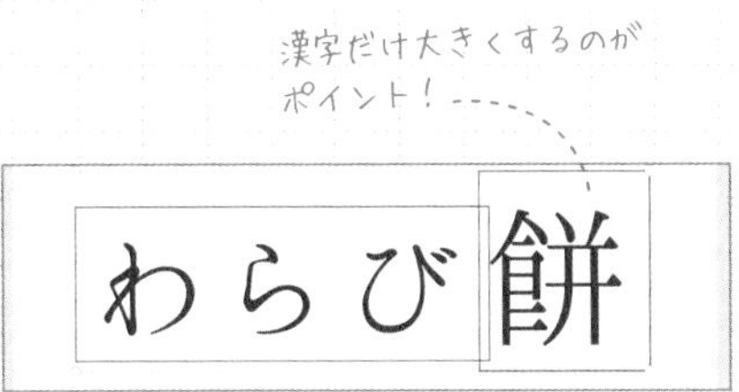

3

椿のワンポイントを加える

少し物足りないなと感じたら、商品のポイントを一言で表した文章を入れたアイコンを配置すると華やかに。ここでは、［素材］から「和モダン 花」と検索し、ベースとなる素材を用意して、その上に文字をのせました。

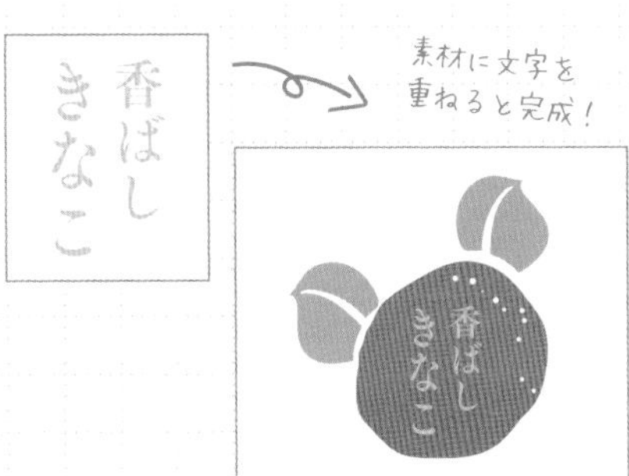

プラステクニック

背景に和柄素材で華やかに！

背景にはみ出すくらい大きめに、透過を40%にした和柄素材を配置し、華やかさをプラス！

色ベタ2分割で視認性アップ

使用フォント／ DIN Next（プロ）／ ZEN角ゴシックNEW

バナーの情報量を増やしたいときは色背景で情報を２分割するとシンプルなデザインのまま視認性がアップできます。

テンプレート

01_ソーシャルメディア戦略

Social Media Strategy

POINT

01 色背景で情報を2分割にする

02 吹き出しを使って視認性アップ

URL https://www.canva.com/ja_jp/templates/EAFY90eVgMg/

Design recipe

1 線から色背景の図形に変える

テンプレートにあるオレンジの枠線をコピペします。次に上メニューで枠内の背景を色で塗りつぶし、四角の図形にします。その図形を、画面の半分のサイズになるよう調整して、色背景と白背景でレイアウトを2分割しましょう。カラーはピンクに変更しました。

2 ふきだしを入れて視認性アップ

情報量を増やしたいとき、文字ばかり並んでいるとユーザーはすぐに情報を認識してくれません。ふきだし素材を追加して、素材の中にサブの文言を入れて視認性をアップさせましょう！ ふきだしは、[素材] から「ふきだし」と検索をして探します。

ふきだしでまとめよう！

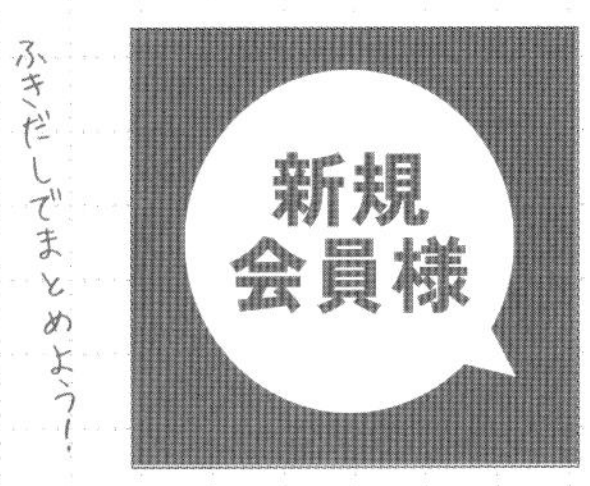

3 情報を2分割で見せる

解説①で分割した色背景と白背景の部分にそれぞれ情報や文言を分けて入れていきましょう。文字を入れるときに、強調したい「1,000」などの文字サイズを変更してメリハリをつけるとさらに訴求力がアップします。

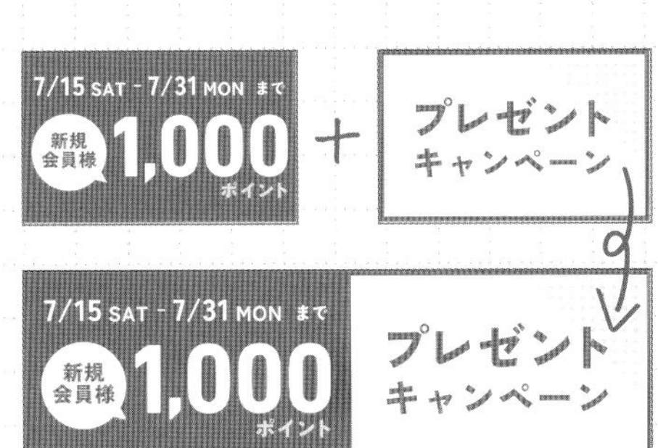

プラステクニック

背景を塗りつぶしてインパクト

背景をビビッドカラーのような主張が強いカラーにし、文字を白抜きにすると見やすくパッと目に入ってくるバナーになります。

背景をビビッドにすると目に留まる♪

角度を活かして シャープな高級感を

使用フォント / UD 明朝 / Beautifully Delicious Script

枠の角度を変えて、よりシャープな高級感を感じるデザインにしましょう。

テンプレート

POINT

01 枠の角度を変えてシャープに

02 フォントを明朝体に変更して高級感を持たせる

URL https://www.canva.com/ja_jp/templates/EAFcnUscby4/

Design recipe

1 背景を逆ハの字にして勢いをつける

斜めに配置されている背景の図形を平行ではなく、少し角度をつけるように位置を調整していきます。少し角度をつけ逆ハの字型にすることにより勢いが生まれます。下の薄い青色の三角は削除し抜け感を出しましょう。

背景の図形を動かして逆ハの字に

2 明朝体でエレガントに

明朝体×高級感のあるデザインは相性抜群。空間があいていたり、寂しい印象があったら透明度を下げた筆記体フォントで英文を入れるとアクセントに。背景の色は白文字が見えるように濃いめの色合いにしましょう。

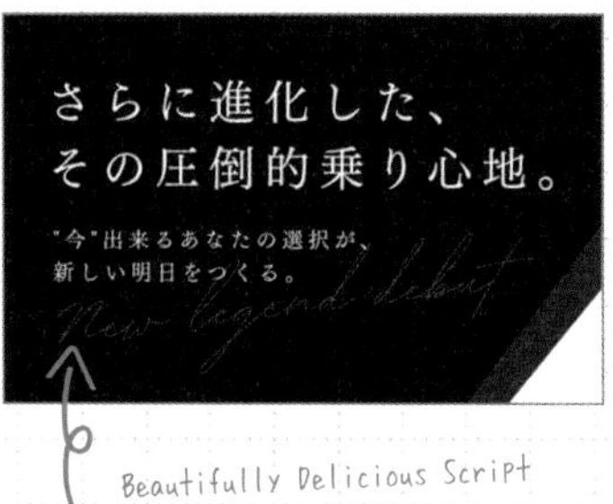

Beautifully Delicious Script
というフォントだよ

3 切り抜き画像を大きく配置

元々のテンプレートが車やバイク、時計などの写真と相性が良いレイアウトなので、今回は車の写真を選びました。[写真を編集]の「背景除去」で背景を消したら、フロント部分が斜めのラインの上に重なるように配置すると、疾走感が出ます。

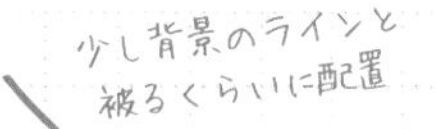

プラステクニック

光を足して視線を誘導

キャッチコピーの部分に光の素材を追加することで、視線を集め、より注目度の高いデザインにすることができます。

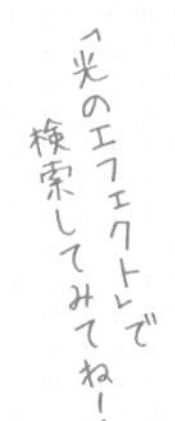

23 大理石素材を使った エレガントなデザイン

使用フォント/ TAN Pearl / Zen Maru Gothic

元のレイアウトを活かしながら、大理石の背景素材とシンプルな図形を組み合わせて、エレガントで大人っぽいデザインのリッチメニューを作ってみましょう！

テンプレート

POINT

01 背景を大理石にして上品に

02 アイコン素材を使って見やすく

URL https://www.canva.com/ja_jp/templates/EAFgl_YFnYE/

Design recipe

1

背景を大理石にする

背景を大理石にすると、一気にエレガントなデザインになります。[素材]から「大理石」と検索をして好きな写真をドラッグしましょう。変えたいテンプレートの写真の場所にドロップすると簡単に写真を差し替えることができます。

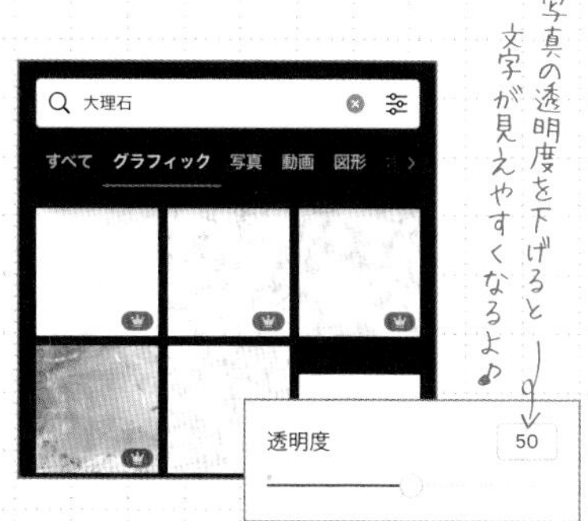

2

図形を組み合わせる

テンプレートの「最新情報はこちら」を囲んでいる四角の図形を選択し、上メニューの「図形」をクリックすると図形の形が変えられます。ここでは丸長方形の形に変更。そして図形の中に文字をまとめました。右の画像のように図形を重ねるとおしゃれ!

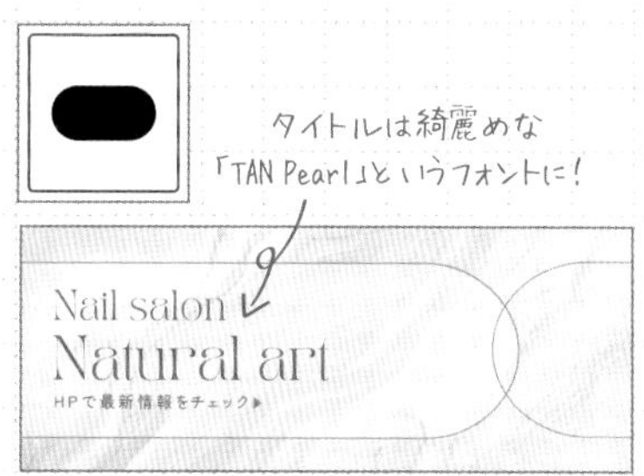

3

アイコンを入れてわかりやすく

イラストやアイコン素材を入れるだけで、情報が視覚的に表現され、情報の識別がしやすくなります。今回は特にタイトルのフォントが細く文字数も多いので、メリハリもつきます。[素材] から「カレンダー」「チェックマーク」「クーポン」「手 イラスト」などで検索。

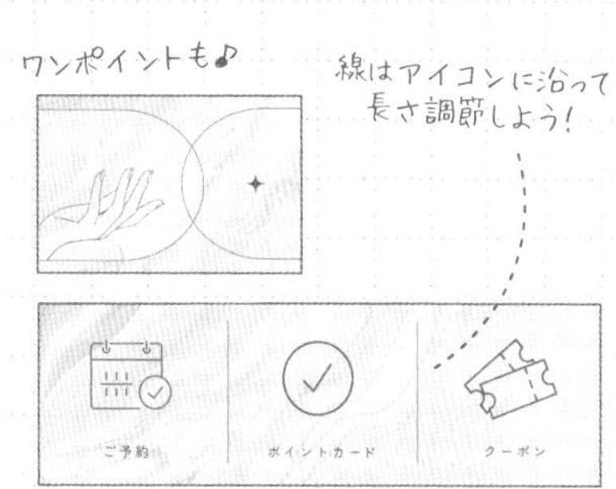

プラステクニック

上下に帯を入れる

デザインの上下に文字やアイコンと同じ色の帯をつけて締まりのあるリッチメニューにしましょう! 帯は図形を使用しています。

ハートを中央に入れて かわいいインパクトを追加

使用フォント／ ヒカリ角ゴ ／ TAN Ashford(プロ) ／ Hatton

ノイズの入った背景を使用した「今っぽさ」のあるデザインに。

テンプレート

POINT

01 ハートを大きく入れてインパクトを

02 ノイズ素材を使って今っぽく

URL https://www.canva.com/ja_jp/templates/EAFKAqgblcA/

Design recipe

1 背景をノイズ素材にする

背景を「今っぽい」デザインに！[素材]→「ノイズグラデーション」で検索すると色々出てきますよ。さらにその上から透過した「カラースプレー」柄をのせてポップな雰囲気に。[素材]→「カラースプレー キュート」と検索してみましょう！

背景を変えるだけで雰囲気が変わる♪

2 ハートを中央に入れる

ハート素材を中央に追加してインパクトを出していきましょう！ ここでは背景に合わせてノイズ加工されているハート素材を選びます。[素材]→「ノイズ ハート」と検索すると素材が出てきます♪ イメージに合わせて[写真を編集]→調整をかけて色をピンクにしました。

3 文字を綺麗に揃える

文字を打ち換えた後、文字を印象的に加工していきましょう。アーチ文字は上のメニューにある[エフェクト]から図形→「湾曲させる」を。300円OFFは[エフェクト]からスタイル→「スプライス」をそれぞれ調節して使っています。また、「OFF」のフォントは値段の下に収めるために「Hatton」を使用しました。

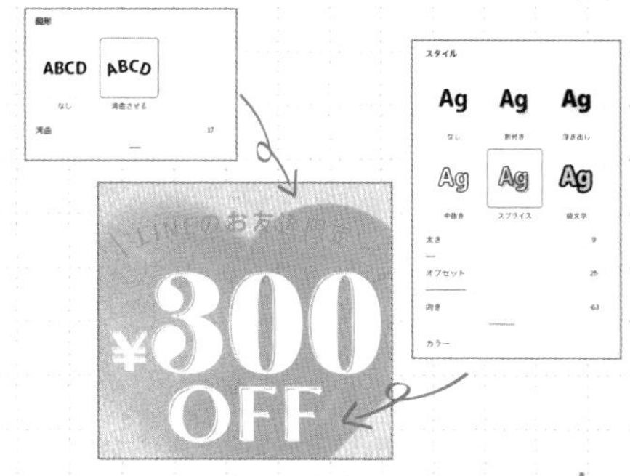

プラステクニック

三角形でコーナーを装飾

全体を枠線で囲う以外に、角に三角の素材をいれて装飾をする方法もあります。枠線がなくなることでスッキリとした印象に！

ふきだしで情報を さりげなく引き立てる

使用フォント / はんなり明朝 / Noto Sans JP / Beautifully Delicious Script / ふい字

簡単なふきだしを使った視認性のあるデザインに仕上げましょう。

テンプレート

POINT

01 **図形の三角を使って簡単ふきだし**

02 **手書き風フォントでワンポイント**

URL https://www.canva.com/ja_jp/templates/EAEiFpqlp3k/

Design recipe

1 図形の三角を使ってふきだし風に

［素材］の図形の三角を使って簡単なふきだしを作ってみましょう。ふきだしを作るだけで情報を引き立たせる効果があります。また、タイトル部分はしっかりと主張したいので、明るいカラーにします。

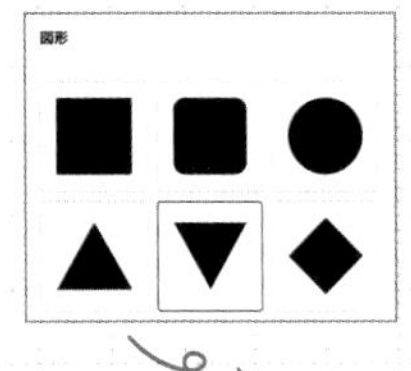

三角を追加するだけで簡単！

2 筆記体や手書きフォントで飾る

タイトルの「日替わり定食」の横にワンポイントとして、筆記体を入れるとデザイン性がアップ！ ここで使用しているフォントは「Beautifully Delicious Script」です。さらに写真の上に手書き風フォントの「ふい字」で擬音を入れるとデザイン性もシズル感もアップ。

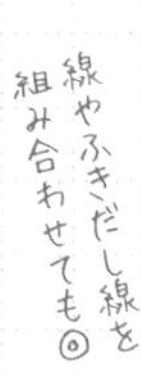

3 なみなみフレームであしらいに

メインの写真をさらに引き立てるために、テンプレートのアイコン部分を写真から波線の丸に変えるとおしゃれで good！ テンプレートにある元の写真を消去し、［素材］で「丸」と検索すると、波線の丸がでてくるので追加してみましょう。

プラステクニック

アイコンをハンコにしてみる

ハンコ風素材と朱肉色を組み合わせてみましょう！ 文字を手書き風フォントにするとハンコの素材を活かしたデザインになります。

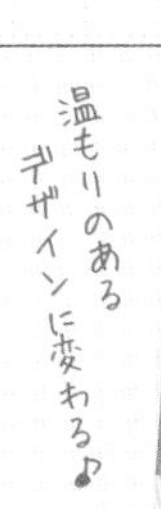

Design recipe Design recipe

26 かわいくてポップなキッズデザイン

使用フォント／ふい字／モトヤ丸アポロ

かわいらしくポップに見せるには、配色選びが重要です。絵本のようなイラストと、くすみビビッドカラーを組み合わせていきましょう。

テンプレート

POINT

01 写真をキッズ風のイラストに

02 キャッチコピーをうねうねに

https://www.canva.com/ja_jp/templates/EAFexCSIoXQ/

Design recipe

1 写真をキッズ風のイラストにする

テンプレートにあった写真は消去し、[素材] から「本」と検索。その中からかわいらしいイラストを選び、配置しましょう。また、素材の中には配色を変更できる素材があるので上メニューから色を変更していきましょう。ここでは右のくすみビビッドカラーに変更！

【カラーコード】

2 キャッチコピーをうねうねに

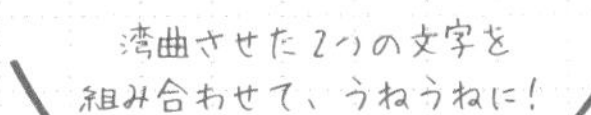

元々テンプレートにある、湾曲にされた文字を２つ用意し、それぞれの湾曲を［エフェクト］→「湾曲」でスライダーで形を調節します。右のように、用意した２つの文字のうち片方だけ湾曲が逆になるように調整しましょう。２つを組み合わせてうねうねした波のような配置にすると完成です。

3 タイトル部分に少し工夫を

タイトル部分は、文字の色やフォントの種類を変更したり、周りに素材を追加したりして、強調していきましょう。また、元々テンプレートにある、テープのような素材の端にお花のイラストを入れるのもおすすめです。イラストは［素材］から「お花」と検索して配置しましょう！

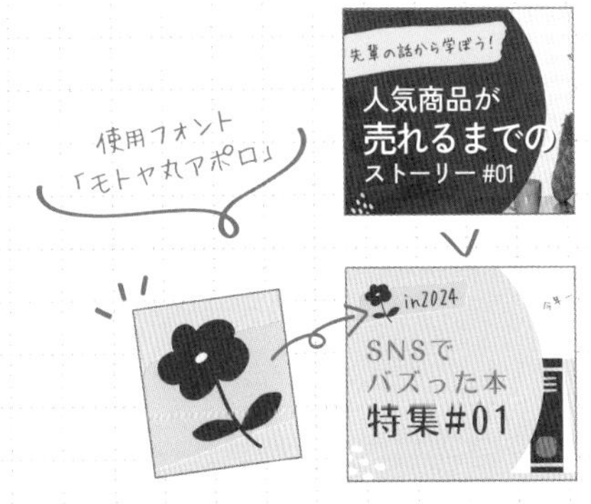

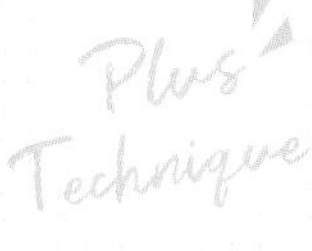

プラステクニック

イラストを柄に変更する

解説①で配置した本のイラストを、本の柄に変えて今とは違った雰囲気にしてみましょう！
[素材]から「本　柄」と検索したら出てきます。

素材と図形を組み合わせてお部屋っぽく

使用フォント/ M＋ / Source Han Sans JP

床がイメージできるような素材とイラストを組み合わせて、まるでお部屋のようなちょっと面白いデザインを作ってみましょう。

POINT

01 床をイメージできるイラストに変更

02 図形を入れて床を表現する

Design recipe

1 床をイメージできるイラストに

テンプレートの左にある人物の素材を消去します。[素材] から「在宅」と検索をして、床を感じる要素が入っている人物イラストを選びます。ここでは、人物や家具の下に影が入ったイラストを選びました。

2 横長の長方形で床を表現する

[素材] の [図形] から長方形の図形を追加して、下に敷きます。そうすることで床のような表現にすることができます。ここで、床の色はイラストの色よりも少し薄い色にするとより床らしくなります。

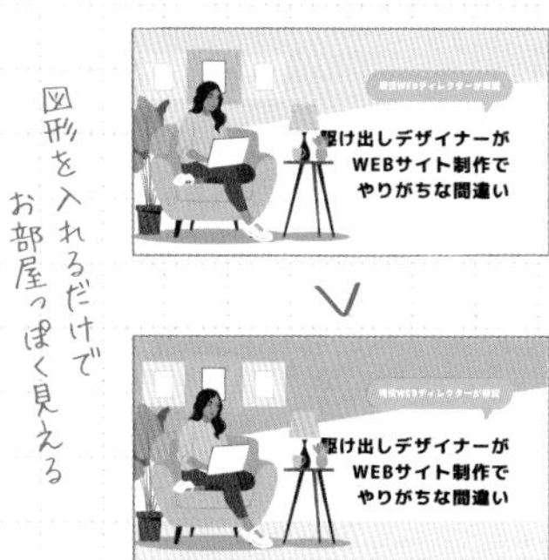

3 ふきだしと文字の色を変更する

元々テンプレートにあるふきだし素材は、床の色と同じ色に変更しましょう。色数を減らすことで、全体にまとまり感がありつつ、アイキャッチになります。

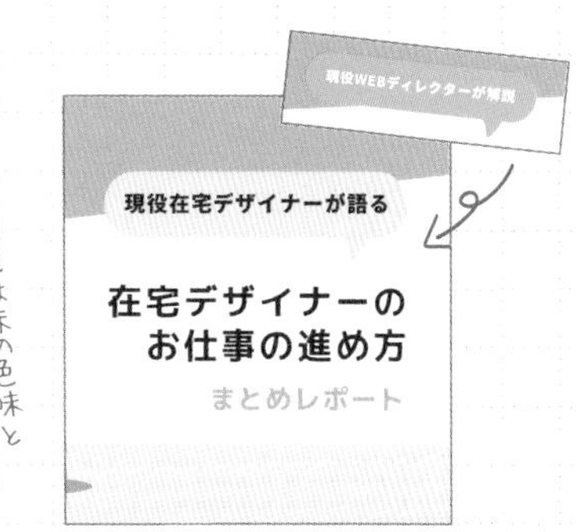

プラステクニック

背景の図形を斜めにする

背景にある図形をすべて消去し、再度背景全体に色をつけます。次に白の四角の図形を斜めに配置したら動きのあるデザインが完成。

28 帯を敷いて ぬくもり手書きノート

使用フォント／ モトヤノート ／ ふい字

方眼紙風の背景の上下に帯と斜線を入れて、ぬくもりを感じる手書きノート風のデザインに。

テンプレート

POINT

01 **上下にやさしい色の帯を敷く**

02 **ワンポイントのイラストを配置**

URL https://www.canva.com/ja_jp/templates/EAFT4DPdW14/

Design recipe

1 背景の上下に帯を敷いて華やかに

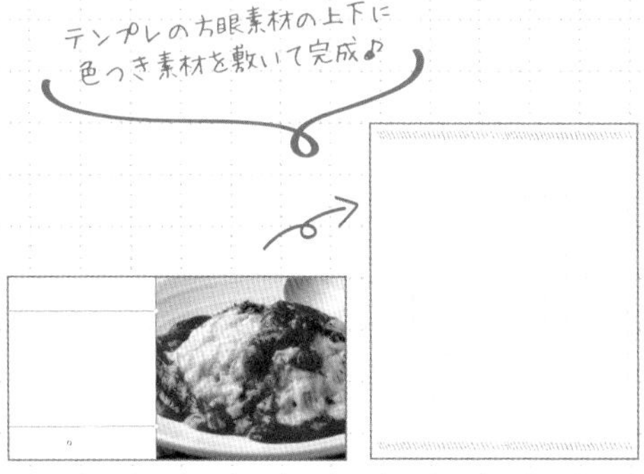

元々テンプレートにある、方眼の背景の上下に帯を作ります。［素材］の「図形」から四角を左ページの完成図のように上下に配置。帯は薄いクリーム色にすると、レトロ文具のような印象に。方眼の背景の色も白に変えました。帯の上に手書きタッチの飾り線をつけるともっと華やかな雰囲気に仕上がります。

2 アーチ文字の下にイラスト素材を入れる

タイトルとアーチ文字の間にアイコンイラストを追加します。［素材］からデザインのテーマに合ったイラストをセレクトしましょう。ポイントでイラストを入れることでデザインに楽しげな雰囲気がプラスされます。

3 強調のあしらいを文字にプラス

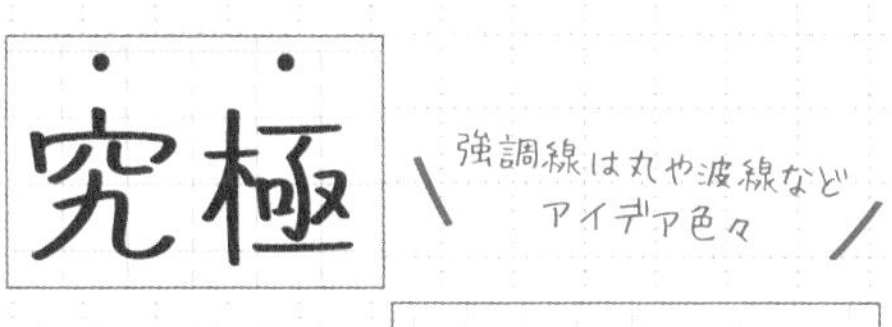

文字に一工夫するだけでワンランク上のデザインに！［素材］から丸い点や波線などのあしらいを追加してみましょう。このときに、あしらいのつけすぎには注意が必要。あしらいは多くて３つまでに抑えます。

プラステクニック

丸のレース素材を使ってみる

帯を敷く以外にも、丸い形のレースを敷くとまた違ったかわいらしいデザインにもなります。表現の１つとして使えそうですね！

29 人物をモノクロにして クールな印象へ

使用フォント／ 源暎ゴシック ／ M＋

エフェクトのダブルトーン機能を使って人物をモノクロにして、クールなサムネイルにしていきましょう。

テンプレート

POINT

01 エフェクト機能を使って人物をモノクロに

02 図形の素材でクールに

URL https://www.canva.com/ja_jp/templates/EAEeVVHST2s/

Design recipe

ぼかしの色と位置を変更

まず写真を削除し、背景は色背景に。次にテンプレートの左下にあるブルーのぼかしの素材を拡大、位置調整をし、背景全体に大きなグラデーションを作りましょう！ 文字は打ち替えて、視認性の高い「源暎ゴシック」に変更しました。

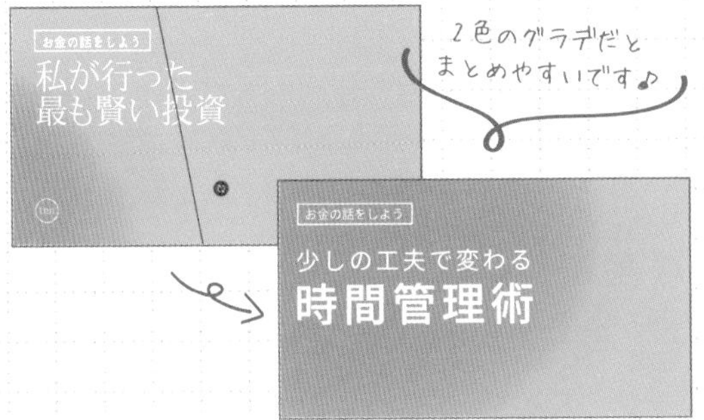

写真をモノクロに

グラデーションの背景を綺麗に見せたいので人物写真は背景を削除し、切り抜いたものを使います。[写真を編集] の「背景除去」を使えばワンクリックで写真の背景を消去できます。また、そのまま [写真を編集] の「エフェクト」機能の「ダブルトーン」を使ってモノクロ加工すると一気にデザインの印象が変わります。

ダブルトーンの「カスタム」で
写真加工！

図形の素材を追加する

解説①では、グラデーションで背景を作りましたが、まだ少し寂しい印象なので図形素材を追加します。[素材] から「矢印」と検索しましょう！ また、サムネイル下部に図形で帯を敷いて全体を引き締めました。

Plus Technique
プラステクニック

背景を図形で区切ってさらにスタイリッシュに

元々テンプレートにあったぼかしの素材を消去し、図形をデザインに入れ、角度やサイズを調整して背景を斜めに区切ってさらにスタイリッシュな雰囲気にしましょう！

図形にしてスタイリッシュに！

オシャレなフォントで オトナかわいく

使用フォント／ TAN pearl ／ はんなり明朝

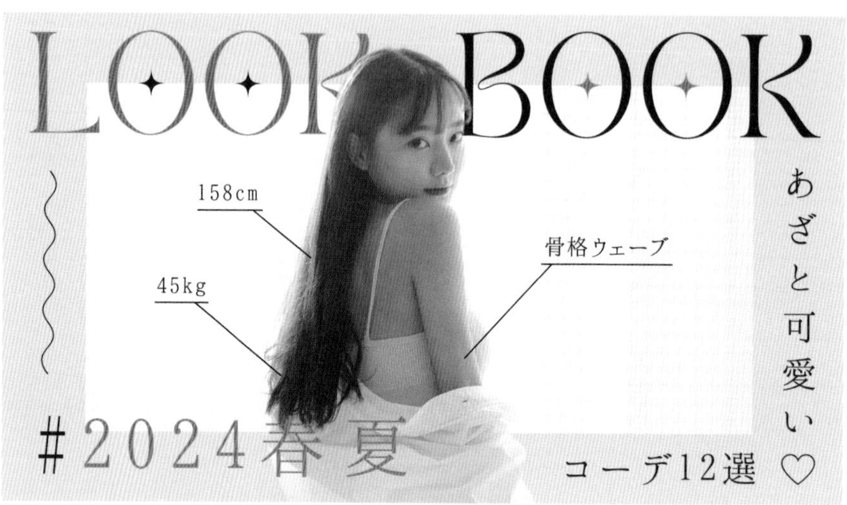

文字の上に人物写真を被せたオトナかわいいファッション雑誌風のデザイン。

テンプレート

POINT

01 オシャレなフォントを使おう！

02 人物写真を文字の前へ

URL https://www.canva.com/ja_jp/templates/EAEiF99xRUo/

Design recipe

1 オシャレなフォントを使おう

フォント「TAN Pearl」をタイトルに使用してファッション雑誌風のサムネイルにしましょう。また、「O」の中央に菱形を入れたりするとワンランク上の英字タイトルになります。

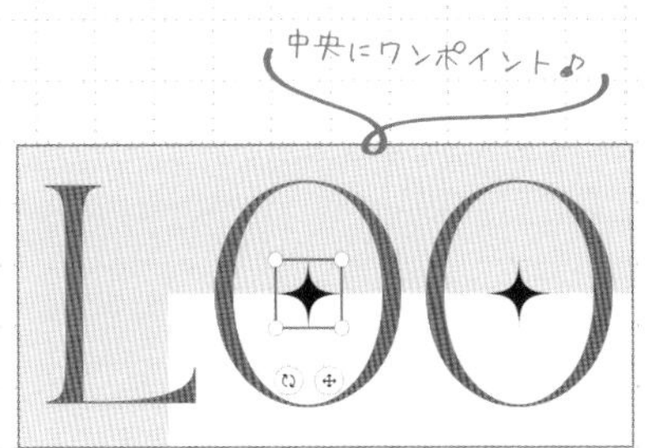

2 人物写真を文字の上から被せる

人物写真は複製し2枚用意し、前面の写真の人物を[背景除去]で背景を消去します。レイヤーで前後を調整して、背景を削除した人物の下に「LOOK BOOK」を配置し、人物が少し文字に被るようにするとより立体感が出ます。さらに「2024春夏」などの文字は、人物の手前に配置すると◎。

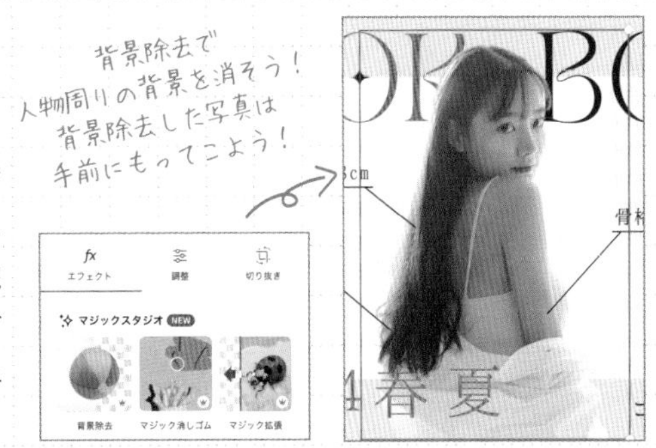

3 引き出し線で詳細を入れる

[素材]から線の図形を選び、引き出し線を作って雑誌風にしてみましょう。線はニュートラルなものならどんなデザインにも相性が◎。引き出し線は沢山使うとごちゃっとした印象になるので、1〜3個に絞ると良いですよ。

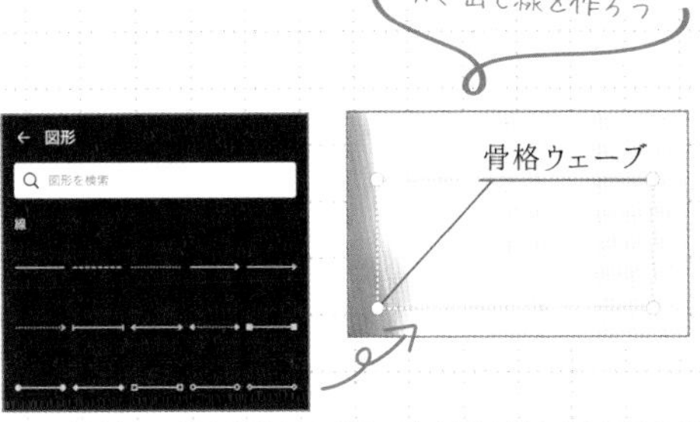

プラステクニック

タイトルの位置を斜めに分ける

「LOOK BOOK」の位置を斜めに分けて、対角線上に配置。構図の面白いおしゃれなサムネイルにしてみましょう。

シネマな動画の サムネイル

使用フォント／ TAN Ashford（プロ）／ TAN Harmoni（プロ）

動画というテーマを活かして、シネマっぽさを加工やあしらいで強調してみましょう。

テンプレート

POINT

01 2枚の写真で2分割レイアウトに

02 写真をレトロ加工して雰囲気を

https://www.canva.com/templates/EAFMqBjzWJs-beige-aesthetic-daily-vlog-youtube-thumbnail/

Design recipe

1 2分割レイアウトでシンプルなストーリーを見せる

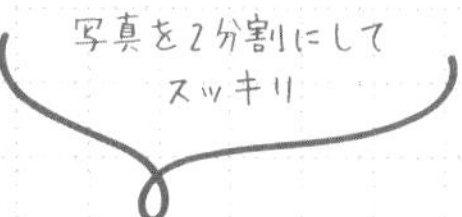

2枚の写真で2分割レイアウトにしてみましょう！2分割にすることで動画のストーリーがシンプルに伝わります。テンプレートでは4分割になっている写真のうち2つ消去し、残った2つの写真のサイズを縦に伸ばせば完成！

2 写真を加工してレトロ風に

次にシネマな落ち着いた雰囲気作りをしていきましょう。左側に配置する写真だけ透明度を「50%」程下げ、右の写真は［写真を編集］の「エフェクト」の「ダブルトーン」でレトロな雰囲気に。さらに［素材］から「ライト　グラデーション」で、光をイメージした素材を透明度「30%」で配置しました。

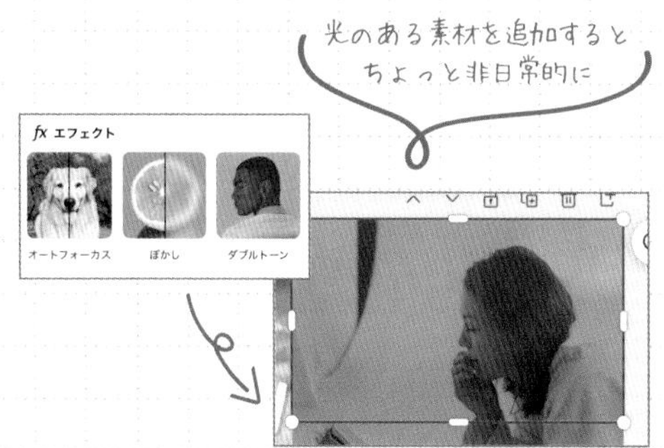

3 タイトルをアーチにして楽しげに

背景の写真が落ち着いた雰囲気になったので、タイトルは楽しげにしましょう。タイトルを選択し、［エフェクト］の「湾曲させる」でタイトルをアーチ状に！ テンプレートのキラキラ素材をバランスよく配置し、矢印の素材を追加して華やかにしてみるのも◎。

プラステクニック

ガーリーレトロな雰囲気に

サムネイルの周りに半透明にした図形を組み合わせて枠を加えると、タイトルが強調されガーリーっぽさが出ます。

写真もタイトルも見せたい動画のサムネイル

使用フォント／ 筑紫 A オールド明朝

写真とタイトル両方ともしっかりとユーザーに見てほしいときは主役の写真と重ならないよう、空いたスペースにタイトルを入れましょう。

テンプレート

POINT

01 **最初に写真を変更する**

02 **写真の余白部分にタイトルを移動する**

URL https://www.canva.com/ja_jp/templates/EAFIHTL4f7I/

Design recipe

1 文字を変える前に写真を変更

写真が配置され被写体の位置が決まっているとタイトルが移動しやすくなります。写真が全面に配置されたテンプレートはまず写真を差し替えてから、文字の位置を調整しましょう。

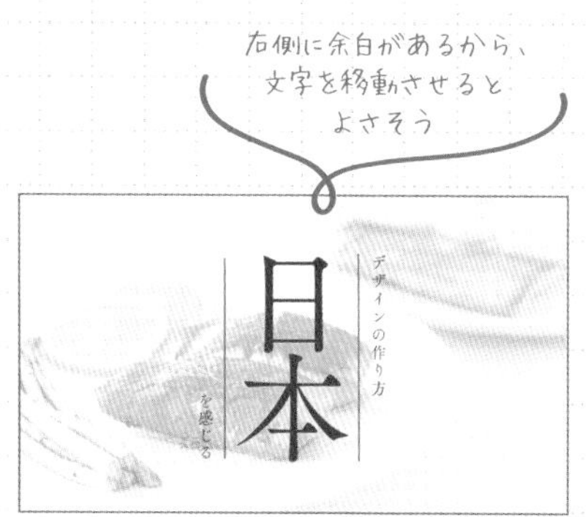

2 写真の余白部分にタイトルを移動

写真に合わせてタイトルの位置を調整しました。主役の写真に文字を重ねず入れることで、しっかり写真を見せつつ、文字に視線を誘導できます。そして、写真の情報量を少し減らすために、左ページの完成図のように上下に余白を入れ、被写体が主役になるように写真をトリミングしました。

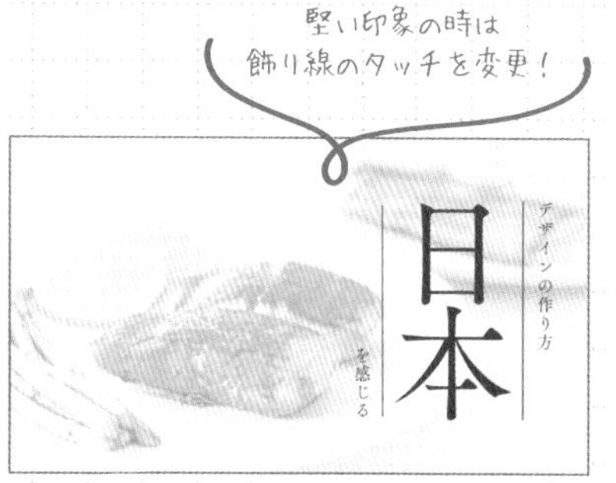

3 あしらいを追加して遊び心を

タイトル部分に斜め線や、サブタイトルの「簡単」の右上背面にうっすら黄色の丸を入れて遊び心をプラスしてもOK！タイトルの装飾も実線から点線にしてカジュアルな印象に。今回は右下に丸の図形を配置して、補足情報もワンポイントとして見せましょう！

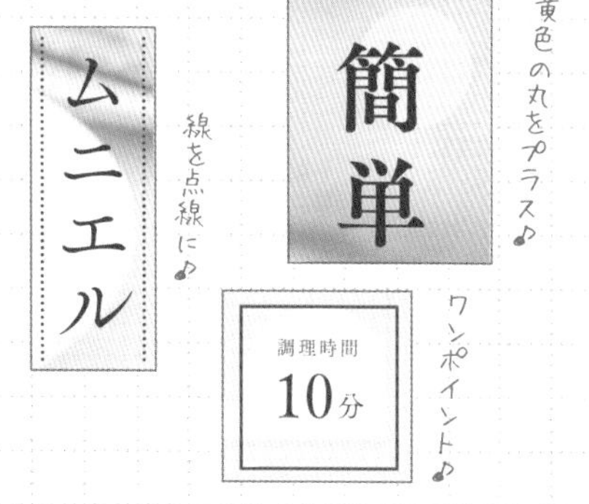

プラステクニック

半透明の図形を敷く

タイトル部分に白色の半透明にした図形を入れて文字をさらに見やすく♪ 背面の写真で文字が見えにくいときに使えるテクニックです。

写真をタイル状に敷き詰めて

使用フォント／TAN Angleton（プロ）／Garet

テンプレートに配置されている写真やフォントを移動して見やすいサムネイルに。

テンプレート

POINT

01 **中央の写真は一番大きく**

02 **写真の下端に文字を入れる**

https://www.canva.com/p/templates/EAFaefl-P4E/

Design recipe

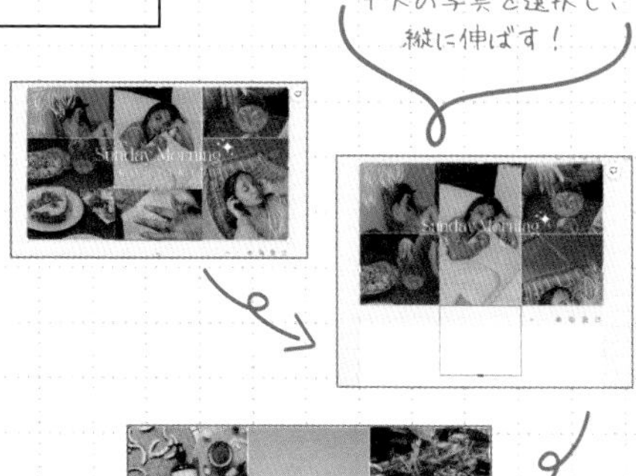

1 写真を移動させて見やすく

中央の列に写真が２枚ありますが、これを1枚の縦写真に見せるように写真のサイズを調整します。このテンプレートはグループにまとまっており１枚１枚のサイズ調整ができないので、右の画像のように中央の列の写真全体を下に伸ばして写真のサイズを変えます。

2 タイトルを２行にして、中央の写真に収める

タイトルは中央の写真の中に収めて、文字の視認性をUP させましょう。そしてタイトルの上下に縦方向の直線のあしらいを追加して視線を集めつつ、シャープでおしゃれな雰囲気にしてみましょう。

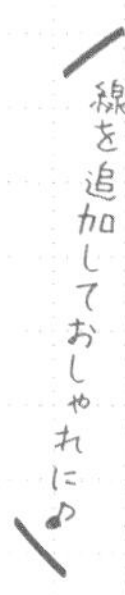

3 写真の下端に文字を入れる

端にある写真に文字を入れることによって、作りこんだ印象に見せられます。文字は写真の下端にくっつけるとおしゃれに。ただし、端の写真すべてに文字を入れると情報が多く、重たい印象になるので写真２つまでに収めるのがおすすめです。

プラステクニック

タイトル部分にアーチを追加する

アーチ状の線の素材を追加することで自然とタイトルに視線が誘導されるようになります。その上オシャレ感も出て一石二鳥！

Design recipe

34 細めのスクリプト体を使って オシャレな抜け感を

自家焙煎コーヒーの
古民家風カフェ

古民家カフェ つつむ | OPEN 10:00~18:00 TEL:085-886-55XX 定休日:火曜日

カフェのチラシは、手書き風の細いスクリプト体を使っておしゃれに。また背景を白にして抜け感も出してスッキリと。

テンプレート

POINT

01 細めのスクリプト体を使う

02 白の余白を作ってスッキリと

URL https://www.canva.com/ja_jp/templates/EAFRocldVeM/

Design recipe

1 写真の間に均等な余白を持たせる

チラシ下部の写真の形を正方形に。均等に整列してきちんと感を。3枚の写真を選択した状態で上メニューの［配置］から「整列する」を選択すると、綺麗に並べられます。チラシ下部の背景の色も白に変えて、1つ1つの写真を際立たせていきましょう。

1つ1つのメニューの写真を目立たせる

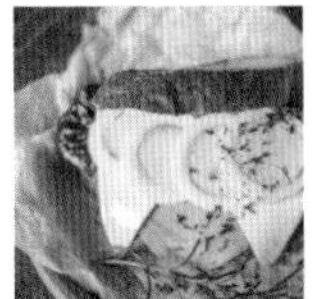

2 動きのある筆記体で、オシャレな抜け感を

左ページの完成図のように、「Grand Open」の筆記体のフォントを細いスクリプト体に変えましょう。細い筆記体のフォントは、一気に抜け感が出ておしゃれな雰囲気に。フォントは「Moontime」を使いました。

筆記体のフォントは文字間を狭くすると一筆書きに見えるよ

3 イラストを使って一体感を出し、視線を集める

イメージに合うイラスト素材を配置してみましょう。今回は［素材］から、「カフェ 手描き」などで検索しました。文字のカラーに合わせて、白に変えて組み合わせて一体感を出すと、ロゴ風アイキャッチに。

イラストを使ってカフェの雰囲気を作っていこう

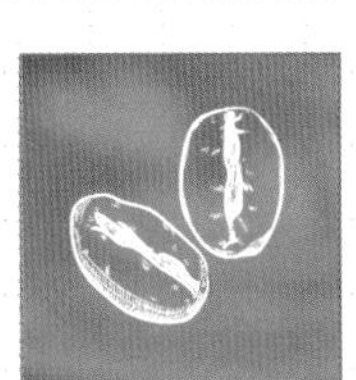

Plus Technique
プラステクニック

テンプレ素材を活かそう

元テンプレート のリーフ素材を色を変えて小さくし、文字の左右に、あしらいました。文字周りが寂しいときに使えるプラステクニックです！

文字周りが寂しいときはイラストを入れよう！

Design recipe

35 くすみカラーでほっこりかわいく

使用フォント／セザンヌ／筑紫A丸ゴシック／Jimmy Script

ほっこりクラフト感が溢れるデザインには、くすみカラーを取り入れてナチュラルに仕上げましょう。

テンプレート

CRAFT MARCHÉ
作家が集まるクラフトマルシェ
2023.8.31
123 Anywhere St., Any City, ST 12345
←詳しい情報はこちらから。

POINT

01 ストライプのくすみカラーでナチュラルに

02 背景に紙を敷いてクラフト感を

URL https://www.canva.com/ja_jp/templates/EAFGA_b7RyA/

Design recipe

1 背景に質感のある紙を敷いてクラフト感を

背景に紙を使うと全体の雰囲気がガラリと変わります。[素材]から「クラフト紙」や紙の種類で検索をすると沢山の紙の素材が出てきます。

紙を背景にして ほっこりクラフト感を◎

2 くすみカラーで上下にボーダーを入れる

図形の四角を使って上下にボーダーを作ります。カラーは、少しくすんだ色を使うのがナチュラルに仕上げるポイントです！ ここでは、下の3色のカラーを入れました。さらに、透明度を「50%」に調節して背景の紙の質感に馴染ませていきましょう。

写真に使われている色と合わせると全体的にまとまります！

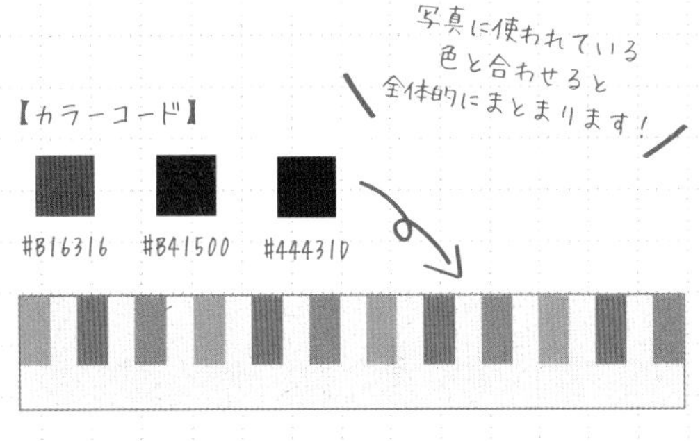

3 点線で刺繍のような表現に

写真の角に斜めの点線を入れたり、二次元コードのフレームを点線で囲うと刺繍っぽさが出て、さらにクラフト感を表現できます。ちょっとした飾りに遊び心をプラス。

囲み枠を罫線メニューで点線に変更

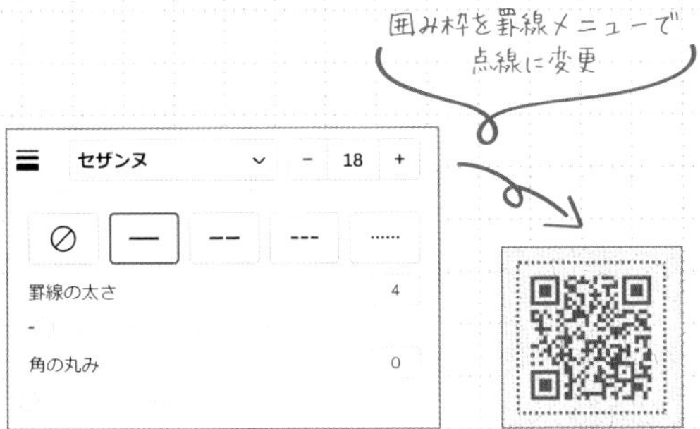

Plus Technique
プラステクニック

フレームでちょっとキッズ感を

図形の長方形ツールを使ってフレームを作っていきましょう！ ここで２色だけ使うことでまとまりがでます。また、背景の紙の質感を活かすために、フレームも透明度を50%にしましょう。

フレームを透明度50%にするのがおすすめです

Design recipe

36

タイトルに丸をつけて注目度アップ

使用フォント／源柔ゴシック／セザンヌ

- 内容:レジ・品出し・清掃
- 時間：8:00～20:00
- 給与：時給980円～
- 休日:シフト制 週3勤務～
- 年齢：18歳以上

丁寧な研修もあるので、未経験の方でも安心してスタートできます。もちろん経験者の方も大歓迎です！

TEL 076-6140-88XX
神奈川県相模原市緑区名倉1-4

タイトルを丸であしらって、パッと見ただけで内容がわかる広告にしましょう。

POINT

01 タイトルに丸のあしらいを追加する

02 図形を使って写真の形を変える

URL https://www.canva.com/ja_jp/templates/EADzAiApUTM/

Design recipe

1 文字に大小の丸のフレームをつけてインパクトを

1文字ごとに丸の図形をつけるだけで、インパクト抜群なデザインに。文字によって丸の大きさを変えて注目を集めつつ、楽しげな雰囲気も演出しましょう。「タ」と「フ」は同じ位置に並べて全部の文字をずらしすぎないようにするのがコツです。

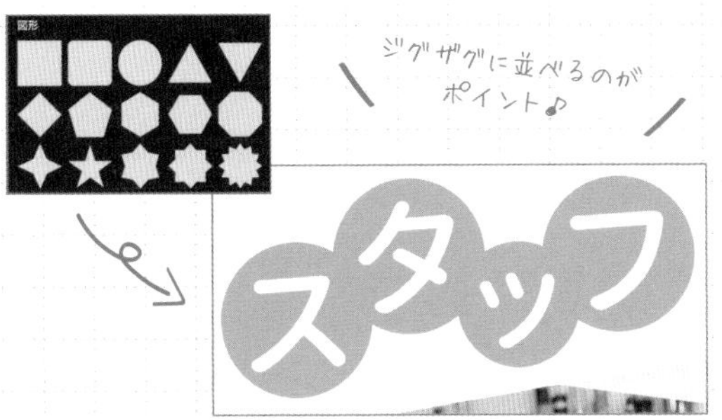

2 図形を使って写真の形を変えてみよう

写真の形はテンプレートのまま使い、写真の上に図形を敷いて形を変えてみましょう！ 下の画像のように図形を斜めに敷くと角ばった印象になるので、デザインが少しスタイリッシュな雰囲気になります。

3 情報を綺麗に整理

元のテンプレートより文章量を増やしたいときは情報を整理して配置していきましょう。上のメニューの「箇条書き」を使って細かい情報をまとめたり、線で区切って見せるのも1つのテクニックです。

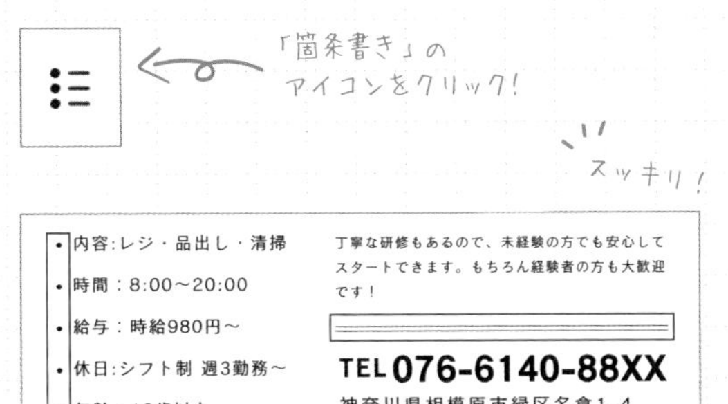

Plus Technique

プラステクニック

ふきだしをあしらう

写真の空いているところにふきだしをのせると親しみ感が演出されます。Canvaの[素材]にふきだし素材はいっぱいあるのでぜひ活用してみてください。

Design recipe

37

見切れ文字でインパクト大！

SNS / AD / Ads / OTHER

使用フォント／ Poppins ／ さわらびゴシック

GUESTS

国際的に活躍する若手デザイナー柳生孝子とチャン・リーによるこの日限りの対談。

TAKAKO YANAI　CHANG LEE

日時 2024年11月3日(日) 19:00 - 21:00
場所 DAU HOUSE STORE
参加無料・定員50名
予約 shop@dauhouse.com
お名前・お電話番号を明記してください。

www.dauhouse-design.com

2024.11.3 sun

背景の幾何学模様を活かして、タイトルを見切れさせてさらにインパクトのあるデザインに！

テンプレート（プロ）

POINT

01 タイトルを見切れさせる

02 モノクロ＋ビビッドカラー１色でクールに

URL https://www.canva.com/ja_jp/templates/EADn90b1MHU/

Design recipe

タイトルは画面から見切れるぐらいの大きさで

タイトルのフォントを太めのサンセリフ体に変更し、画面から見切れるくらいの大きさで配置しましょう。背景の幾何学模様を活かした、グラフィカルでインパクトのあるデザインに変わります。

タイトル部分のフォントは「Poppins」その他の日本語は「さわらびゴシック」を使用

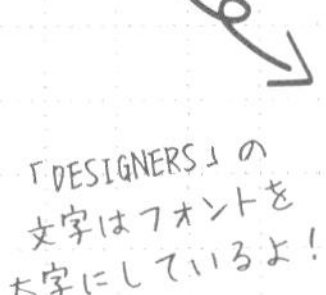

「DESIGNERS」の文字はフォントを太字にしているよ！

写真や背景の色を変える

背景の幾何学模様は左ページの完成図のようにモノクロにアクセントカラー１色の配色に変更し、クールな印象に。写真もモノクロにすると統一感のあるデザインになります。アクセントカラーは、鮮やかな色ならなんでもOK。

写真は[写真の編集]からエフェクトのダブルトーン加工の「カスタム」を選びモノクロに

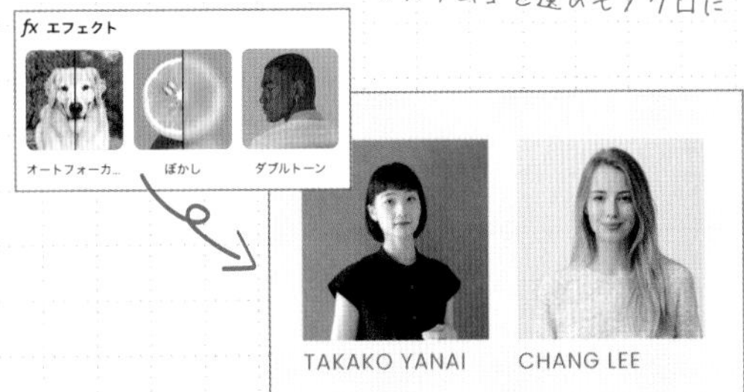

フォントと図形をつなげたデザインに

フォントと図形をつなげてグラフィカルなデザインにしてみましょう！ 文字を図形に植えるように配置するのがポイントです。

ひょこっとした感じがかわいい♪

プラステクニック

文字をまたがらせる

画面の一番上にある文字をわざと上下に見切れるように配置してみましょう！ そうすると、読みにくさを逆手に、読みたくなるタイトルに。

なんて書いてあるのか読みたくなる！

Design recipe Design recipe

38

レトロな雰囲気を感じるフォントを使ったデザイン

使用フォント／ せのびゴシック ／ Noto Sans JP

背景をくすみカラーにしたり、どこか懐かしさを感じるフォントに変えてレトロデザインにアレンジ。

テンプレート

POINT

01 タイトルの視認性をUPさせよう

02 背景をツーカラーでかわいくみせる

URL https://www.canva.com/ja_jp/templates/EAFXhzBPGT0/

Design recipe

1 タイトルフォントでレトロな世界観を

タイトルをレトロ感のあるフォントに変えて、サイズを大きくして、視認性をアップ。日付は下の画像のように、それぞれサイズや向きを変えて縦に並べると、凝った文字組みを作りこむことができます。写真全体の横幅に揃えると綺麗ですよ。

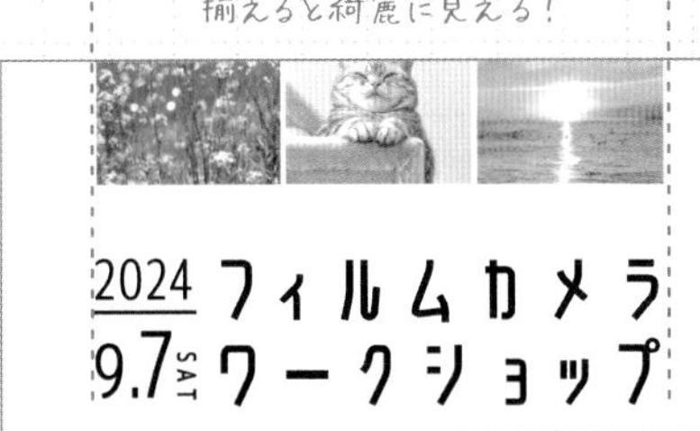

タイトル部分の端を写真の端と揃えて見やすく

2 線の中央に文字を入れよう

Canvaでは線の中央に簡単に文字を入れることが可能です。直線を追加して、線をダブルクリックすると中央に「テキストを追加」が出てきて文字を入力追加することができます。

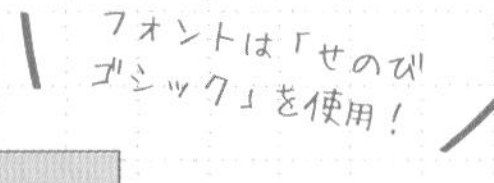

テキストを追加

初心者大歓迎

3 背景に素材や図形を敷く

背景に紙の素材を敷いたり、図形を入れてノートっぽくしてみましょう♪ ここではマス目がついた紙の素材を使います。紙の素材は「半透明」にすると他の要素と馴染みやすくなります。背景の下半分は文字がより引き立つよう、色背景を敷いてツーカラーに。

「紙 マス目」と検索して、素材＋図形で背景を華やかに！

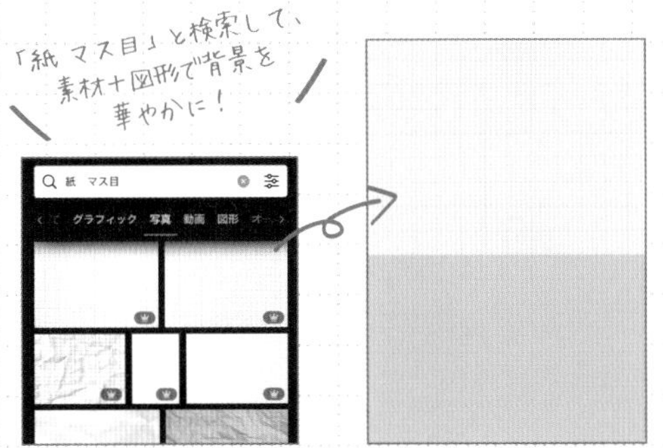

Plus Technique
プラステクニック

背景にある図形を縦長にして帯風に

背景に入れた図形を縦に引き伸ばして両サイドに帯風に配置するのも一つのテクニックです♪

ちょっとスッキリしたデザインに

Design recipe

39

和紙を敷いて和風テイストなチラシに

使用フォント／ 筑紫Aオールド明朝 ／ Noto Sans JP ／ Adam Script

テンプレートのレイアウトを活かしながら、背景に和素材を使い、高級感の漂う和モダンなデザインに。

テンプレート

POINT

01 和紙の素材を使って和風にする

02 タイトル部分に和風素材を

URL https://www.canva.com/ja_jp/templates/EAFg-C0Opqs/

Design recipe

1 和紙の背景素材を敷く

和風テイストのチラシを作るので背景に和紙を敷いて、和風をイメージさせつつ高級感のある雰囲気にしていきましょう！ ここでは、［素材］の写真から「和紙」と検索して、実際の和紙素材を使用しました。

雰囲気が一気に和へ！

2 タイトル部分に素材を入れたり、文字サイズを変える

タイトル部分を打ち替えて空白が気になったときは和風素材を対角線上に入れて、にぎやかに。ここで使用した雲の素材は「霧」と検索しました。またテンプレートにあった丸型の斜線素材も利用しましょう！ タイトルのフォントは、和風なテイストに合う明朝体にしつつ、文字サイズを調整＆動きをつけて１文字ずつ配置して動きを出して◎。

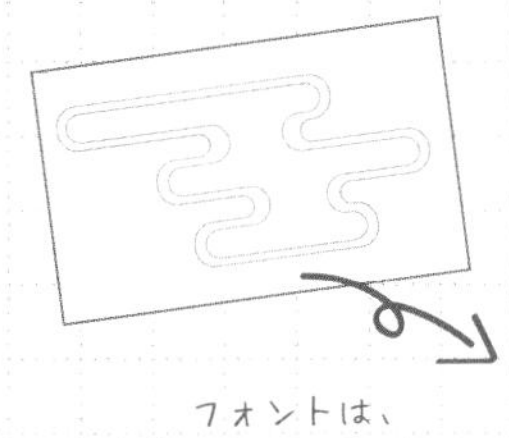

フォントは、筑紫Aオールド明朝！

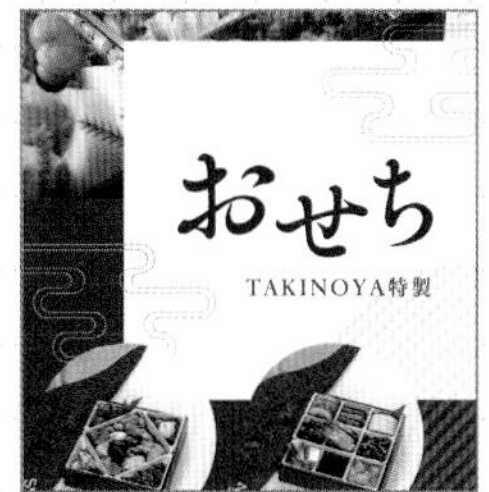

3 アイコンもゴールドに

左中央のギザギザの形の写真をフレームだけ残した状態で写真のみ消去します。次に色を選択すると今までフレームだったものが色の図形に変わります。そこに文字を入れてみましょう。ここでは元テンプレートのふきだしは削除しました。

Plus Technique
プラステクニック

タイトル部分に和紙を敷く

背景で和紙を敷いたように、タイトル部分にも和紙の素材を敷くと、さらに和の雰囲気が強まります。

Design recipe Design recipe

40

立体フォントを使って インパクトを

使用フォント／ ZEN 角ゴシック NEW ／ Lovelo

Canva では立体的な素材が沢山！ 立体素材を使って目立つポスターにしましょう！

テンプレート

POINT

01 数字もバルーンに

02 お祝いをイメージした背景に

URL https://www.canva.com/ja_jp/templates/EAFn5ypDY0w/

Design recipe

1 立体素材を使おう

［素材］から「バルーン　数字」と検索をして、バルーン素材の数字をデザインに配置しましょう。立体的な素材はとてもインパクトがあり、ユーザーの目を惹きつける効果があります。「10」のバルーンが入るところの文字はあらかじめ削除しておきましょう。

キャッチコピーは［エフェクト］→「湾曲させる」でアーチにしよう♪

日付も文字サイズを変えて曜日などは縦にすると◎

2 背景に柄を入れて華やかに

「10周年」のお祝いのイメージに近づけるために、柄を入れて華やかにしていきましょう。［素材］から「三角　柄」と検索をして背景に敷いてみました！

一気に華やかに

3 素材の位置を調整する

入れる情報によってはテンプレートのバルーン素材の場所を変更する必要があります。素材の位置を調整するときは「対角線」を意識するのがコツです。ここでは金のリボンの素材を対角線上に配置し、丸とハートのバルーンの素材も対角線上に配置しています。

対角線上に素材を追加することでバランスよくまとまります♪

Plus Technique
プラステクニック

「10」をグリッター素材に！

［素材］の中に数字の素材はたくさんあるので、個性的な素材を配置するのもおすすめ。「写真を編集」から素材の色味などを調節して配置してみましょう！

［素材］で「数字」と検索すると色々出てくるよ

Design recipe

41

使用フォント / Montserrat / IPAex明朝 / Safira March

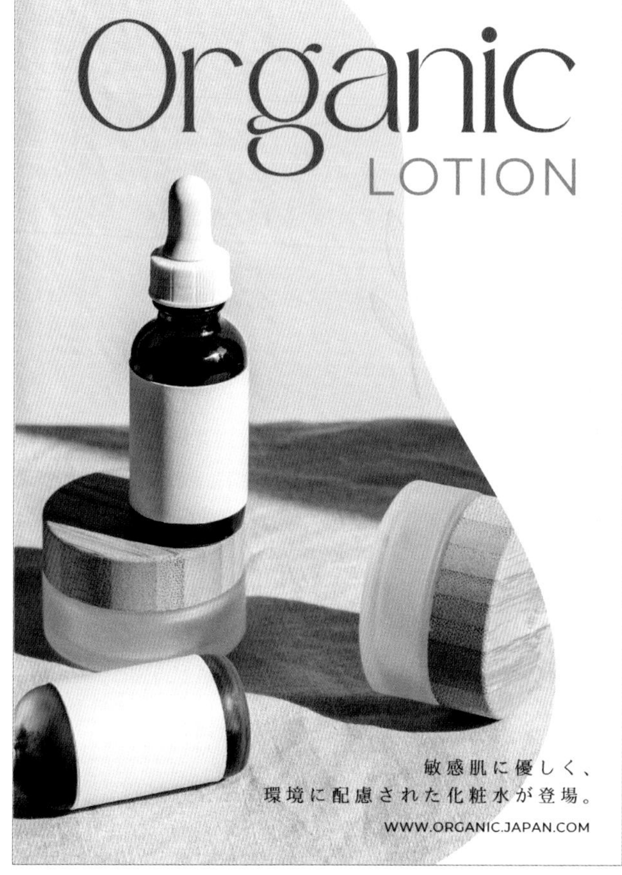

シンプルでナチュラルなデザインにメリハリを出したいときは位置を調整してみましょう。

テンプレート

POINT

01 **写真や文字のメリハリをつけて見やすくシンプルに**

02 **イラストを透過してさりげなく抜け感を**

URL https://www.canva.com/templates/EAE6d4Otvb0-cosmetics-flyer-/

Design recipe

1 写真を動かして大きく

写真の位置を右にずらして写真を大きく使うことで、商品の写真がさらに強調できます。写真の上下が切れないように適度に写真のサイズも大きく調整を。

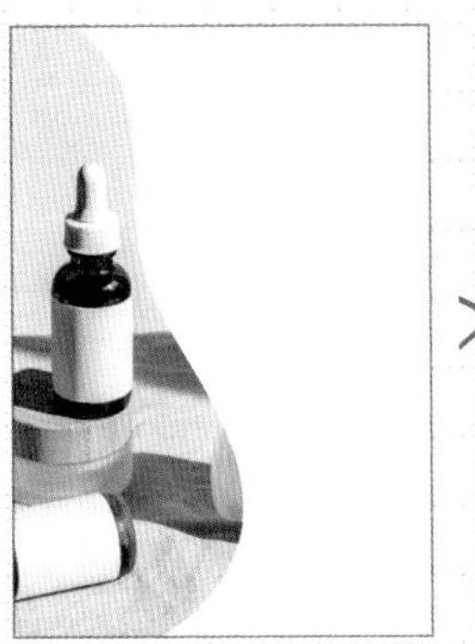
右にずらして…

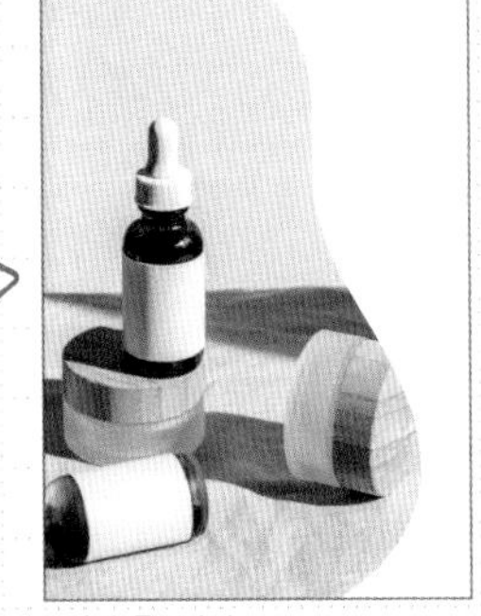
写真を見やすく！

2 文字の位置を調整する

テンプレートのタイトルは右寄りですが、ここでは視認性を高めたいのでタイトルのサイズを大きくし、中央に移動させましょう！ また、テンプレートの右中央にあるキャッチコピーの位置を下に移動することでデザイン全体に安定感が出ます。

文字を中央に移動させよう！

文章は要素ごとに文字サイズなどを変えると読みやすくなります♪

3 葉っぱの素材をさりげなく

背景の色を白に変更して、さらに抜け感をプラス！ 写真を大きくしたことで植物の影のあしらいが見えなくなってしまったので、影は削除し、葉っぱのイラスト素材を追加。イラストは透過することで素材の主張が和らぎ、商品写真が引き立ちます。

好きな葉っぱの素材を選んで透明度を下げて馴染ませよう

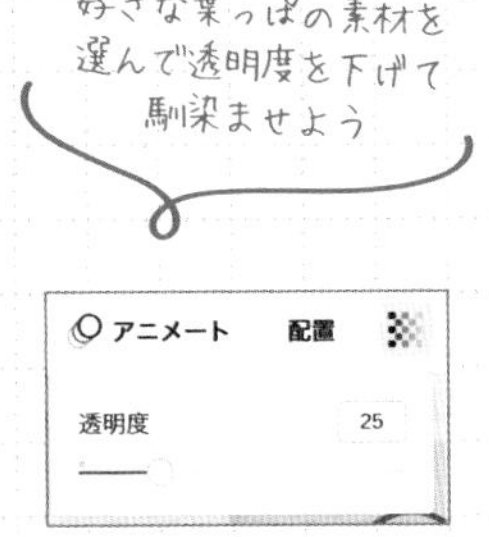

Plus Technique
プラステクニック

タイトルを線で挟む

文字の上下ぴったりに線を入れるのも目を引き付けるテクニックの1つです。少し変わった印象にしたいときにおすすめ。

より洗練された目を引くタイトルに！

Design recipe 42

ビジュアルを活かしたポートフォリオ

使用フォント／Playfair Display／HK Grotesk

ビジュアル素材を差し替えても、文字の後ろに帯を敷いて、タイトルがはっきりと見えるデザインアイデアです。

※こちらのデザインはブラウザ版での公開を想定しています。

テンプレート

POINT

01 **文字の後ろに半透明の帯を敷く**

02 **角に線を入れてスッキリと**

URL https://www.canva.com/ja_jp/templates/EAFMFUmcoNw/

Design recipe

まずはメインから！

1 半透明の帯と文字の色を変えて視認性アップ

写真やイラストを全面に入れたデザインでは、使う画像によっては文字などが見えにくい状態に。そういうときは図形の四角を使って帯を敷いたり、文字の色を変えたりして、視認性の高いデザインにしてみましょう！ また、帯は半透明にすることで抜け感を出しましょう。

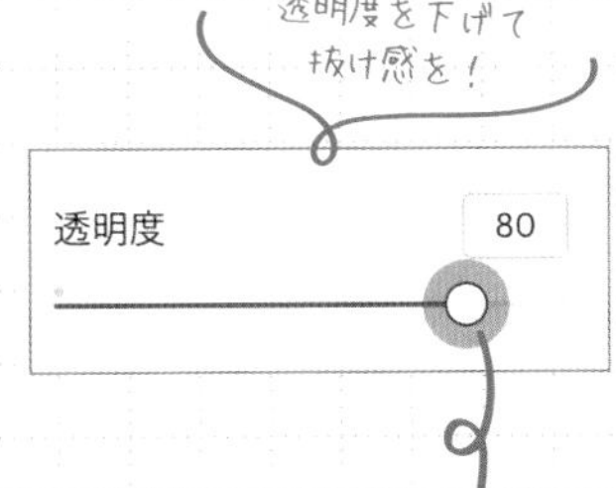

写真の色と文字の色が一緒で見えにくい状態 …

帯を敷き、文字の色を変えることでくっきり見える！

2 L 字型のラインを作ろう

元テンプレートの左下のイラストは削除し、中央の線をコピペして、線を２本にします。そして位置を調整してL 字型のコーナーラインを作り、右下に配置します。線の先に文字を入れると情報も伝えつつおしゃれな装飾に。線は少し太くすると◎。

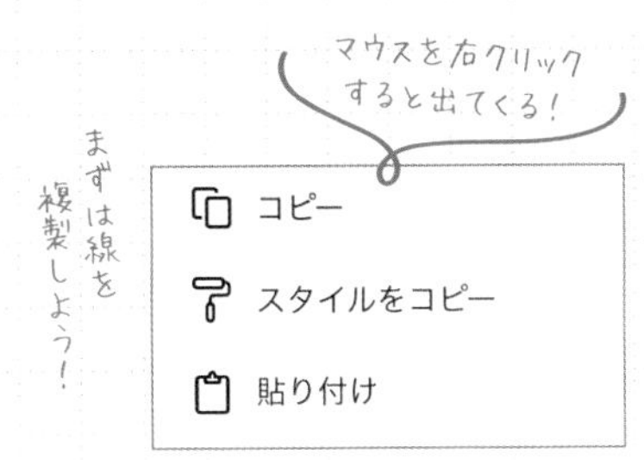

線の太さを調整するときは上のメニューから

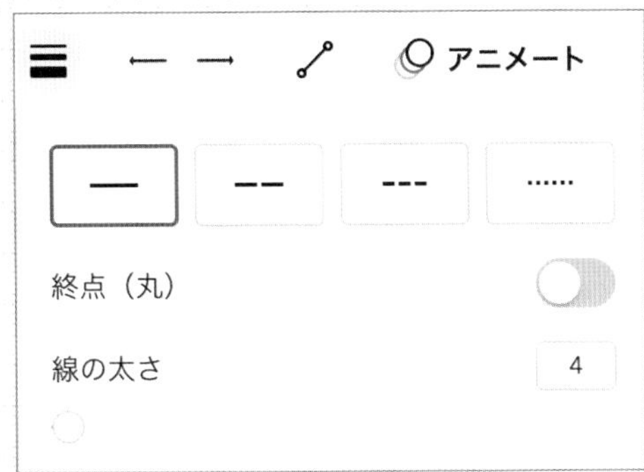

Design recipe

つぎは内容部分

3 メインと同じようにL字型のラインを作る

Web全体でデザインのあしらいを揃えるとデザインに統一感が出てきます。写真は元のテンプレートから正方形にサイズを変えると全体にメリハリが生まれます。

Profile

文字サイズは少し大きく調整

about

Anna Iwashita
陶芸家

4 ビジュアルの位置をジグザグに

作品実績など写真やイラストを複数並べる場合、ジグザグにしたレイアウトは画面に動きを演出できます。最初に写真同士の隙間を詰め、次にすべてを選択し、まとめて端まで拡大すると綺麗に画面きっちりに収まります。「Work」の文字は解説③の「Profile」と同じ文字サイズにしてWebサイト全体のバランスを整えましょう。

画面に動きが出る！

work

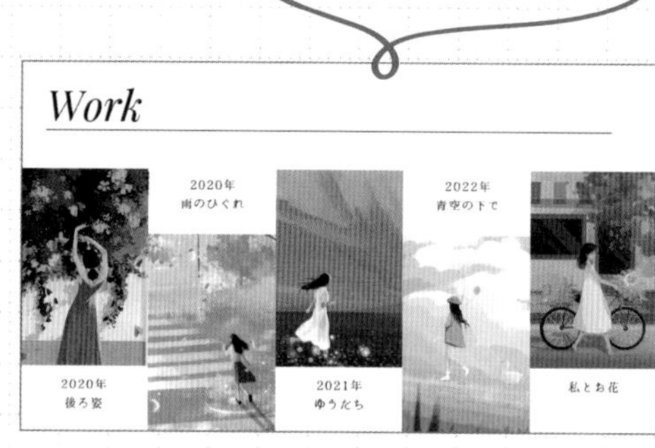

さいごにお問い合わせページ

情報を中央に寄せよう

「Contact」の文字サイズを「Profile」「Work」と同じにしましょう。「Contact」の文字に目が留まるようにしたいので下の画像のように、文字情報を中央にまとめスッキリとさせました。また、元のテンプレートにあった線を短くしたものを配置していきましょう。

中央にもっていくことでスッキリと♪

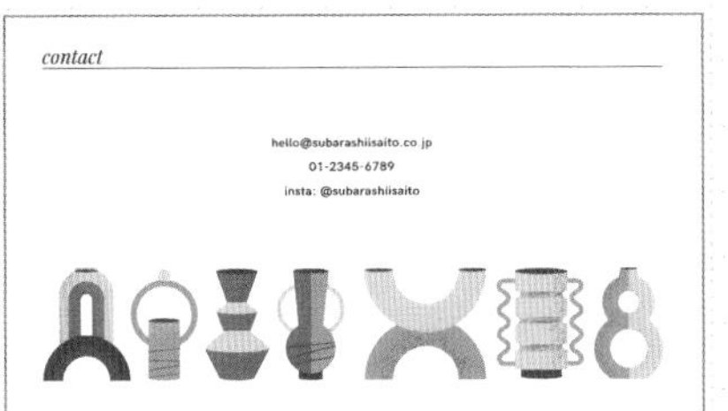

イラストを置き換える

元のテンプレートにあるイラストが、陶器をイメージしたイラストなので自分の目的に合った内容のものに差し替えましょう。ここでは情景のイラストに変更しました。

ビジュアルが横長だと世界観が出やすい♪

プラステクニック

ビジュアルを全面にする

ビジュアルの上下少し隙間を残した状態にすると、まるで映画のワンシーンのような印象に。情報は白文字で統一しています。

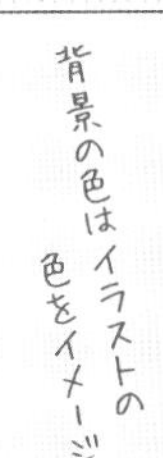

ショップページを ポップでキュートに

使用フォント／TAN Pearl ／ マティス

テンプレートの中にある写真と素材を少し調整するだけで印象がガラリと変わります。

※こちらのデザインはブラウザ版での公開を想定しています。

テンプレート

POINT

01 写真の丸みを活かして配置

02 タイトルは綺麗なフォントで

URL https://www.canva.com/ja_jp/templates/EAFMF4tkHr8/

Design recipe

まずはメインから!

タイトル文字を大きくして揃えよう

お店の名前がわかりやすいよう、タイトル文字を綺麗に見せたいので、タイトルの文字サイズを大きくし、文字の両端を揃えるように配置。次にタイトルの下に線を入れ、その下にキャッチコピーを入れます。そうすることで、タイトルとキャッチコピーを視覚的に区別しやすくなります。

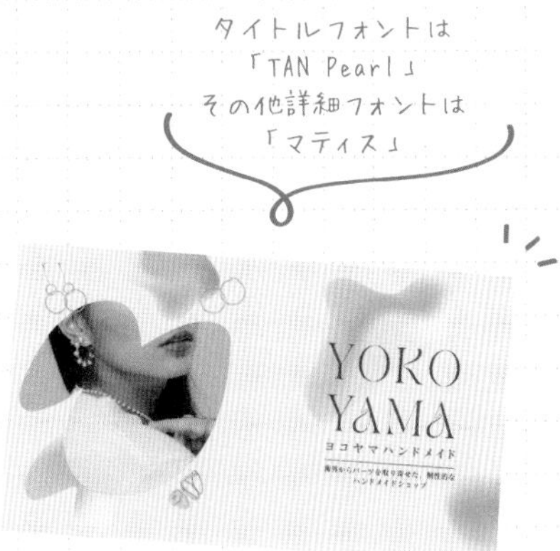

写真のフレームを変えよう

テンプレートにある写真を消去し、[素材]の「フレーム」から新しい写真フレームを選び直して雰囲気を変えていきましょう。ここでは丸型のフレームを選び、画面から切れるほど拡大をして配置しました。

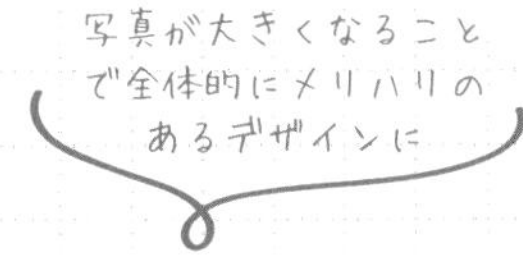

このぐらい大きくしよう!

Design recipe

つぎに内容部分

3 かわいくて文字も読みやすく

対角線上になるように意識して配置するとバランスよくなる♪

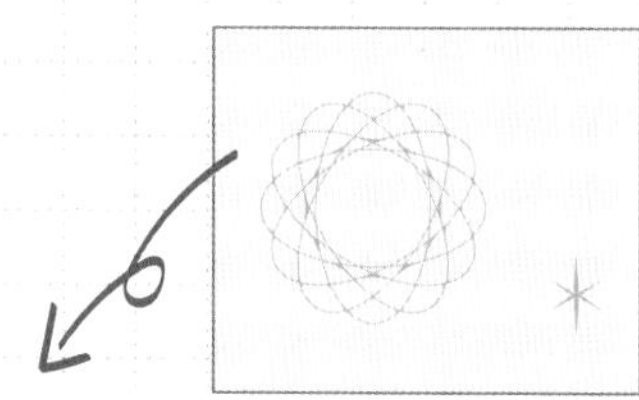

元々テンプレートにある六角形の素材２つと、右側のグラデーション素材は削除し、左側のグラデーション素材を拡大して中央に移動させます。次に［素材］からキラキラ素材などを付け足して、ロマンティックな雰囲気に仕上げましょう。

フォントは「マティス」を使って綺麗に見せる！

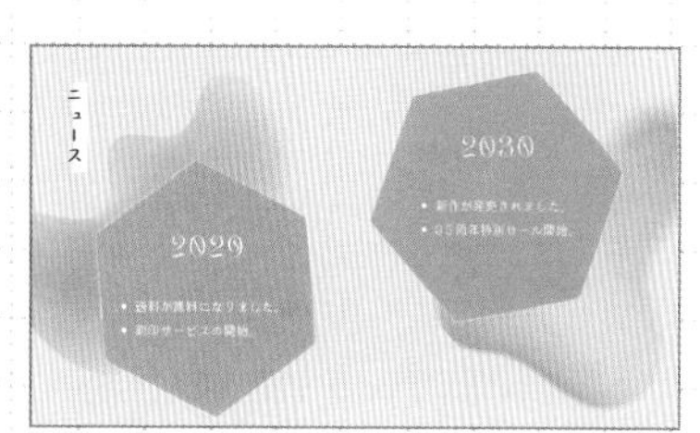

>

ヨコヤマ
ハンドメイドとは

4 写真をひとまとめにする

タイトルの使用フォントは「TAN Pearl」

色々な形の写真は左側に寄せてひとまとめにして見せると、面白い印象のデザインになります。写真をまとめたことで空いたスペースは詳細情報を入れるとgood！

Parts and Accessories
パーツ&アクセサリー
当店では、ハンドメイド用のパーツが600種類と、アクセサリーが100種類そろっています。オンラインストアでも購入可能です。
ONLINE SHOP

写真を左に揃えてスッキリ♪

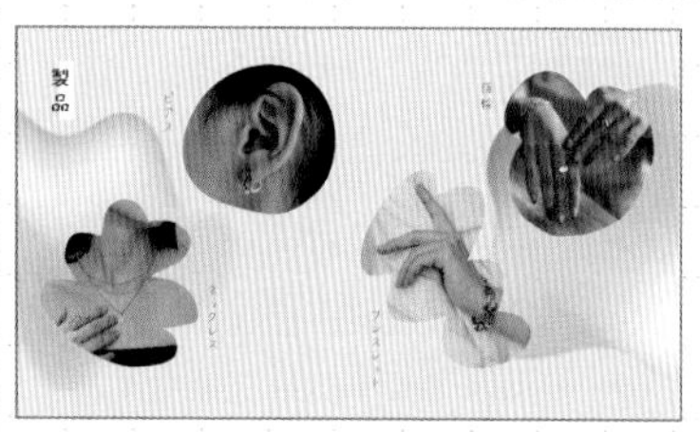

>

さいごにお問い合わせページ

5 情報を左揃えにしてスッキリと

テンプレートにあるアクセサリー素材は削除し、「お問い合せ」の文字の向きを横にします。その後に左側に情報を入れていきます。その際、文字のフォントは他のページと統一します。

文字の向きを変更するときはこのアイコンをクリック

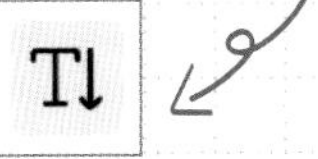

左揃えでスッキリと♪

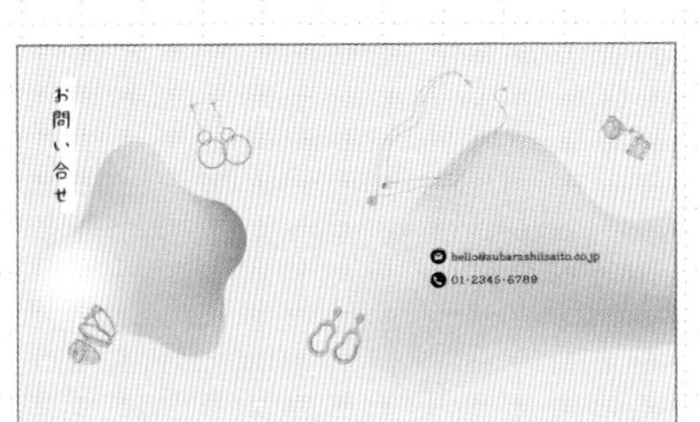

6 曲線を活かして流れのあるデザインに

テンプレートにあったグラデーション素材を下の画像のように拡大して移動させましょう。このときに素材の曲線を活かして画面に流れを作るようなイメージで配置しましょう。

素材を大きくしたり、回転させて対角線上に配置♪

Plus Technique
プラステクニック

文字の端に素材を入れる

文字の端に素材の「蝶々」を入れてワンポイントにするとおしゃれになります。［素材］から「蝶々」と検索しよう！

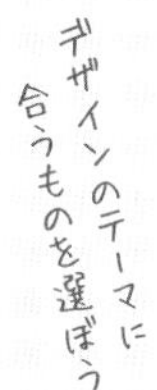

Design recipe Design recipe

44

半円柄でナチュラルガーリーに

使用フォント/ 筑紫Ａオールド明朝 / Cambria / Caslon #540

写真の印象と合うイラスト素材が見つからないときは、図形を柄のように配置するのも１つのアイデア。図形はシンプルなので、写真を選ばず装飾として使うことができます。

※こちらのデザインはブラウザ版での公開を想定しています。

テンプレート

URL https://www.canva.com/templates/EAFhY3LWSjY/

POINT

01 **図形を模様のように並べる**

02 **写真の見せ方を工夫しておしゃれな世界観に**

Design recipe

まずはメインから！

1 半円素材を配置して柄のように

[素材] で「半円」と検索すると半円の素材がたくさん出てきます。ここでは落ち着いた雰囲気にしたいので素材を追加したら透明度を「20%」に下げましょう！ 図形を配置するときは対角線上に配置するとバランスがよくなります。

透明度を下げて背景に馴染ませて配置を

2 写真のサイズを少し大きくし、角を削っておしゃれに

テンプレートの写真のサイズよりもうひと回り大きくしてみましょう。そうすることでタイトルや情報エリアと写真エリアの大きさに差が生まれ、メリハリがついて見やすくなります。次に写真の角に背景と同じ色の図形をのせて、写真の見せ方を一工夫。

図形の四角を上にのせて角を削ろう♪

写真を大きくしてメリハリのあるデザインへ♪

>

Design recipe

次は内容部分

3 写真と写真をキュッと

3つの写真同士の間をキュッと詰めることでデザインに締まりが出てきます。また、ワンポイントで写真にフチをつけてかわいくおしゃれに。写真の下に配置した文字は装飾なしでそのまま打ち込んだ方がバランスが良いです。

\完成イメージ/

4 写真と文字情報を半分ずつ

画面右半分に写真を大きく配置し、もう半分に文字情報をまとめました。こうすると、伝えたい情報のイメージを伝えつつ、それぞれの情報がスッキリして見えるようになります。元々テンプレートにあったフレームの中の色はカラーなしにし、枠線のみを残しました。色の変更や、線の太さなどの調整は図形を選択し、上のメニューにて調整。

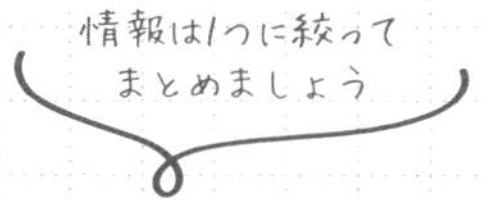

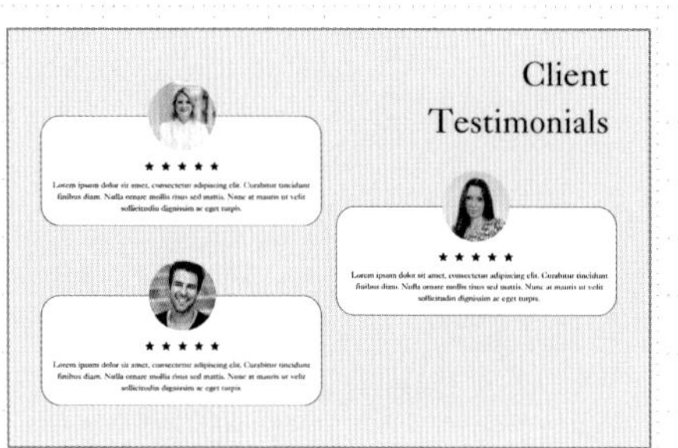

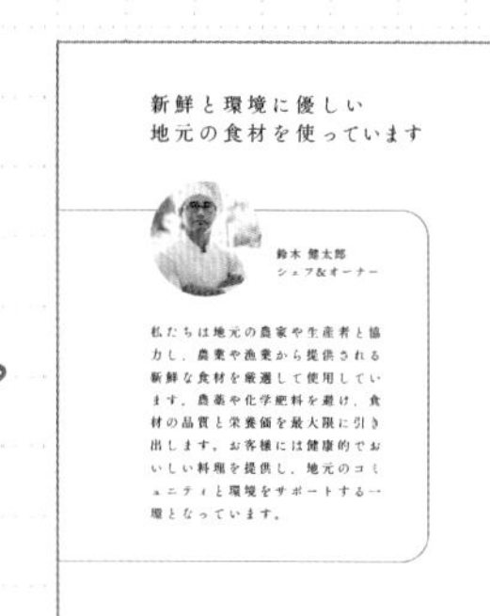

さいごにアクセスページ

5 様々な図形や線を追加して飾る

元々テンプレートにある図形は下に移動して、さらに新しく図形を装飾として追加して華やかにしていきましょう。写真は少し大きくして文字との差をつけると◎。図形や素材は対角線上に配置します。

線は［素材］から「手書き線」と検索

6 写真の形をアーチにしてオシャレに

ナチュラルガーリーな世界観を活かすために、写真のフレームにも一工夫を。テンプレートの写真を一度削除し、［素材］の中のフレームからアーチの形のフレームを選び追加するとデザイン性が一気に深まります。

アーチに変えるだけで、おしゃれな雰囲気になりました♪

ACCESS
アクセス
MAP GOOD MORNING CAFE.

Plus Technique
プラステクニック

写真の位置を下端にぴったり

写真の位置を文字よりも下にすることで手順⑥のものとは違ったバランスと雰囲気になります。重心が下だと安定して見えますね。

写真を下にすると扉のように見える♪

45 余白にアクセントを入れたオシャレサイト

使用フォント／筑紫Aオールド明朝／Adirek Serif

角を丸めてかわいらしく。余白もスッキリとした抜け感のあるデザインに。
※こちらのデザインはブラウザ版での公開を想定しています。

テンプレート

POINT

01 写真フレームの角を丸くする

02 写真に合わせたロゴの配置

URL https://www.canva.com/ja_jp/templates/EAFMF5Y_w6g/

Design recipe

まずはメインから！

1 角丸フレームでかわいさを少しだけプラス

角丸フレームでかわいらしく♪

← フレーム
角丸

写真のフレームに一工夫するだけで雰囲気が一気に変わります。ここでは一度テンプレートの写真をフレームごと消去し、[素材] のフレームから「角丸」と検索をしてフレームの形を変えましょう。

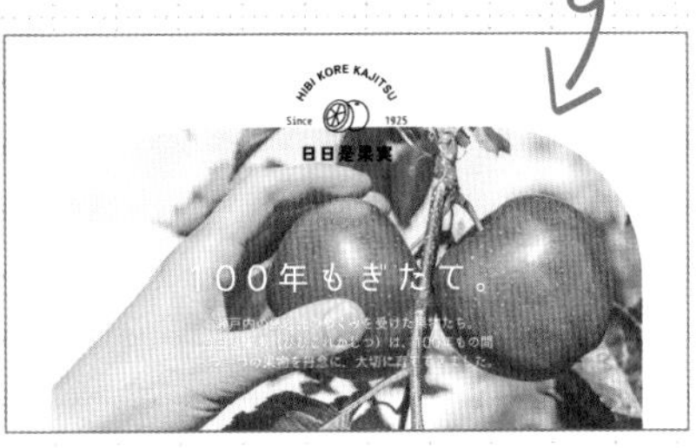

2 写真の構図に合わせてロゴを配置

ここで使用する写真はメイン被写体の林檎が右側にあり、右に重心がかかっているので、ロゴは左上に配置するとバランスが安定します。このように、デザインをするときは視覚的な重さが分散するように配置するとまとまりやすくなります。

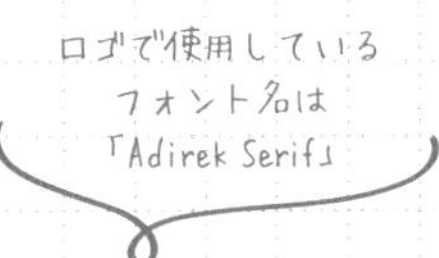

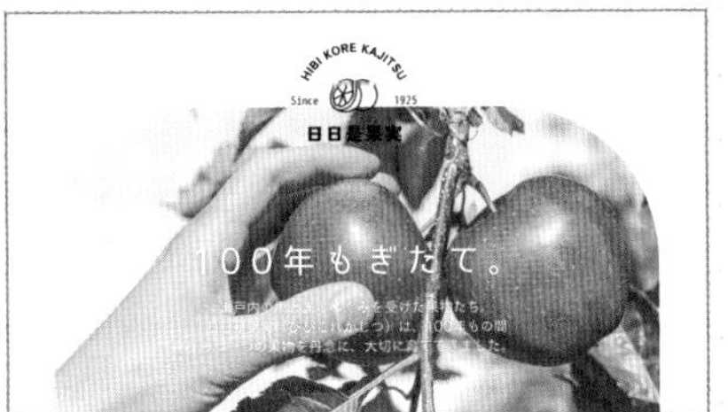

Design recipe

次は内容部分

3 端を揃えて綺麗に見せよう

右図の点線のように、写真と情報の端を揃えると綺麗に見えるのでおすすめ◎。また、タイトル部分の丸は写真に合わせて色を赤色に変更し、透明度を少し下げてワンポイントに。

4 素材をつけたしてワンポイント

テンプレートにある丸の素材と相性のいい素材を紹介します。［素材］から「スタンプ　波線」と検索をするとスタンプによくある波線の素材が出てきます。素材＋素材で見せ方を変えるとオリジナリティを出せるので楽しんでみてください。

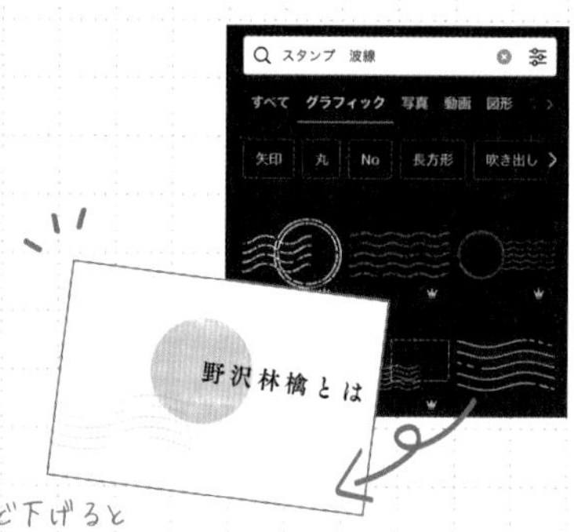

透明度を50%ほど下げるとまわりの雰囲気に馴染むよ♪

さいごにお問い合わせページ

5 情報を線の内側にまとめる

下の画像のように、枠線と写真をちょっとずらした面白いデザインにしていきましょう。写真は文字より大きく配置するとバランスよくまとまります。文字は枠の中に綺麗に収めましょう。

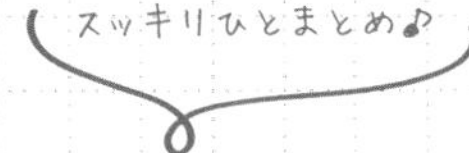

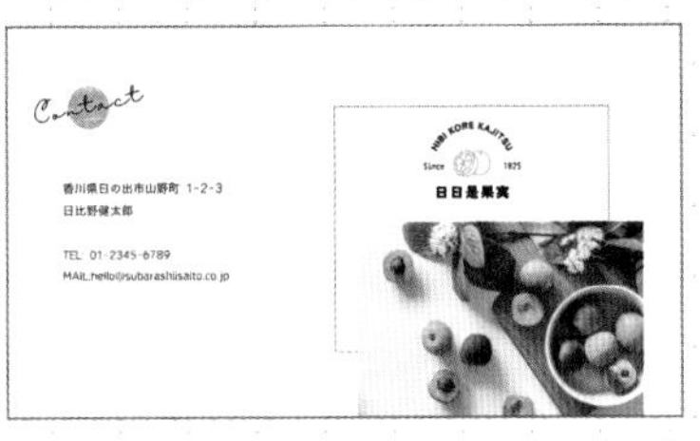

＞

6 丸の素材を拡大してグラフィカルな模様に

元々テンプレートの「Contact」の背景にあった丸の素材の色を林檎の果肉のような色にし、拡大。次に素材を半透明にし、重ねることで面白い表現にすることができます。林檎が積み上がっている写真の構図を真似して、配置すると自然な印象に。

＞

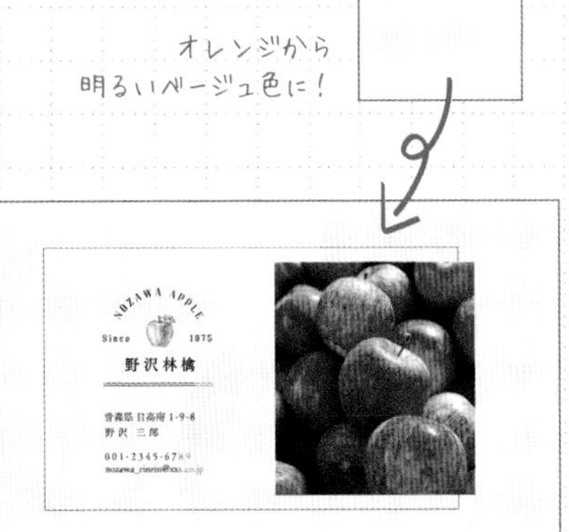

Plus Technique
プラステクニック

フレームをつけてかわいらしく

[素材]から「フレーム」と検索をし、中央に配置。上で紹介した枠線とはまた違った印象に。

Design recipe Design recipe

46 スタイリッシュ×ナチュラルな提案書

使用フォント／はれのそら明朝 / Flatlion / セザンヌ / Flat

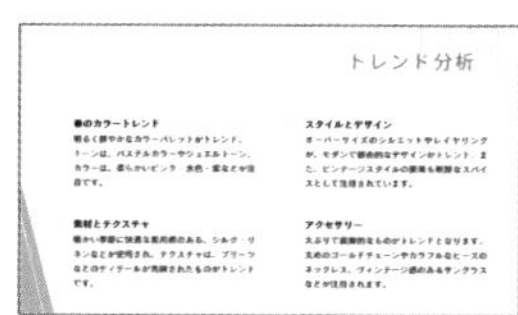

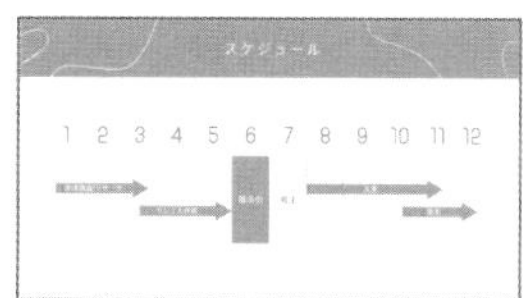

斜めのレイアウトを活かして、アクセントに手書き線を追加してナチュラルさをプラスしたデザインに。アパレルやWebに関する資料などオシャレな印象に見せたいときにおすすめ。

テンプレート

新卒採用
会社説明会
株式会社ARKトラベル
2030年5月1日

POINT

01 斜めの塗りで印象づける

02 手書き線を取り入れる

URL https://www.canva.com/ja_jp/templates/EAE5m5JJOa8/

Design recipe

まずは表紙から!

1 ざっくり2つに区切ってわかりやすいレイアウト

逆台形の図形を置いて、紙面の真ん中を斜めにざっくりと区切り、写真のエリアと文字のエリアで分けます。カラーは内容に合ったイメージカラーを決めましょう!

斜めでスタイリッシュにキメて
パステルカラーで
柔らかい雰囲気に

2 かわいらしい手書き線を細部にあしらう

そのままのデザインでもスッキリとした印象ですが、かわいい手書きの線を追加すると、ちょっと遊び心がプラスされたデザインに仕上がります。提案内容のイメージに合わせたものだとgood!

「線」で検索!

使う線で印象が
変わります!

2024年度 Spring
新商品企画

>

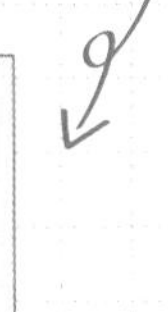

2024年度 Spring
新商品企画

Plus Technique
プラステクニック

メイン写真を複数枚使う

写真を何枚も載せると、よりイメージが伝わりやすくなります。写真の枚数に合わせてレイアウトを変えてみるのもおすすめ。

写真に合わせて
レイアウトに変化を

Design recipe

つぎに目次！

3 斜めに文字を整列させる

表紙と同じ角度の斜め分割ラインに沿って文字を整列してみましょう。真っ直ぐに整列させるよりも凝った印象に見せられます。そして、カテゴリー番号と文字のフォントを変えたり、番号の下に線をあしらって数字をアイコンっぽくしてわかりやすく見せる工夫をしてみましょう！

線をつけて
アイコンっぽく

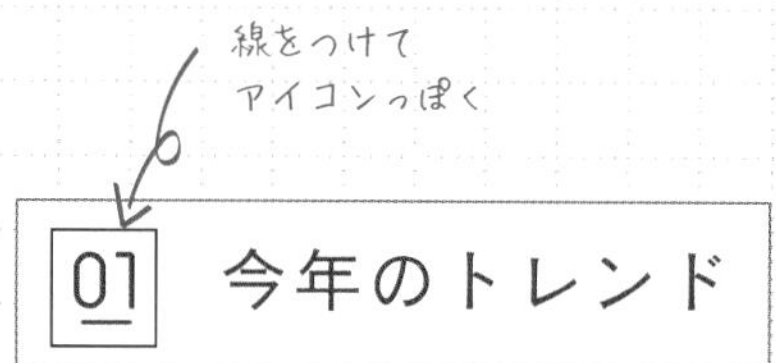

Template

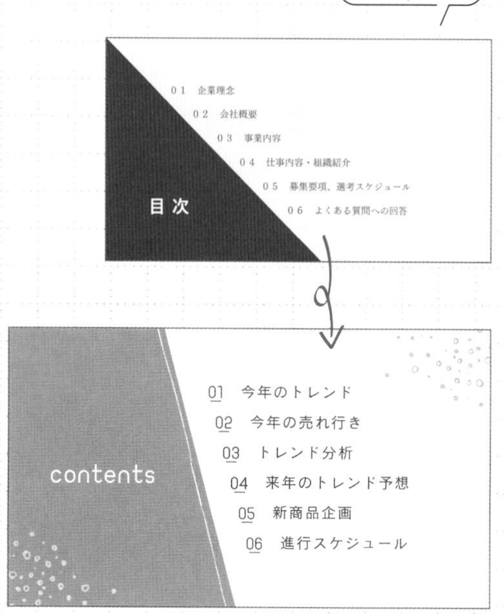

つぎに章扉！

4 見切れるぐらい大きな数字

こちらも斜め分割のデザインに。扉のカテゴリー番号は大きく配置してみましょう。こぢんまりした雰囲気から、ドンッと座ったような安定感のあるデザインになります。そしてタイトルの下に手書きの下線を引くことでおしゃれ感もプラスされます。

Template

数字のフォントは「Flat」を使用したよ！

数字の文字サイズ：247

トレンド分析

03

数字の文字サイズ：494

つぎに中身！

5 長い文章は短く読みやすく

資料の右上にタイトルを配置。タイトルの背景に項目の数字を大きく配置し、数字の上部は見切れさせて透過して抜け感を。見出しは丸図形を置きポイントにし、文字のサイズを26pt→28ptにしました。本文は横幅を短くして、一目で内容がわかりやすいようにアレンジ。

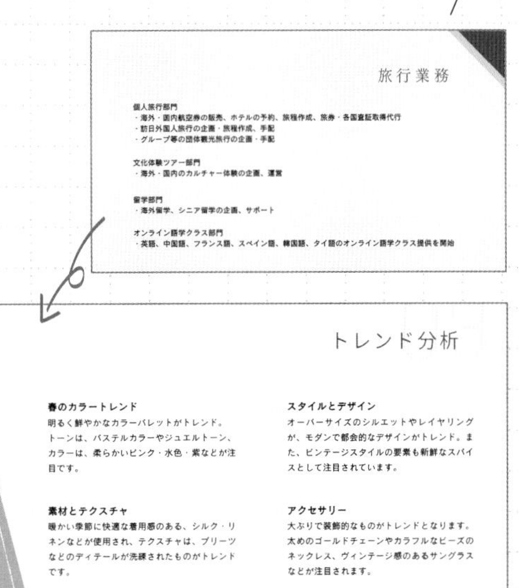

タイトルは透過させた数字に重ねて！

写真や図がある場合も文字とエリアを半分に分けてスッキリ！

斜めの図形も角に寄せてページ全体の統一を！

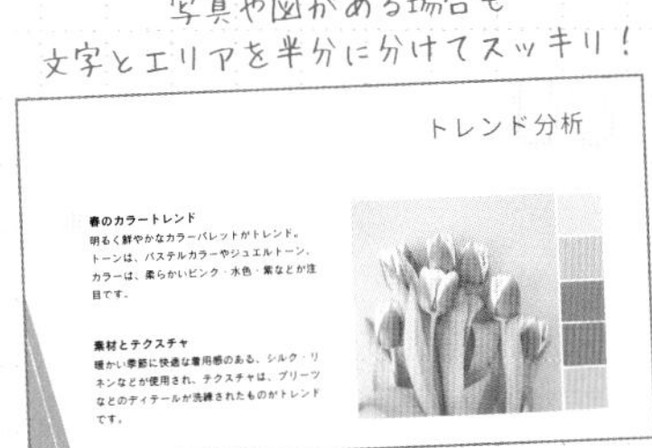

6 年間スケジュールは一覧で見やすく

年間スケジュールのように表示期間が長い場合は、1カ月ごとに区切った12カ月分の横長のスケジュールを表示し、矢印を用いて、対象の期間を表示すると見やすくなります。元のテンプレートのように短期間の場合は、テンプレ通り、期間ごとに区切られたチャートの方がわかりやすいです。

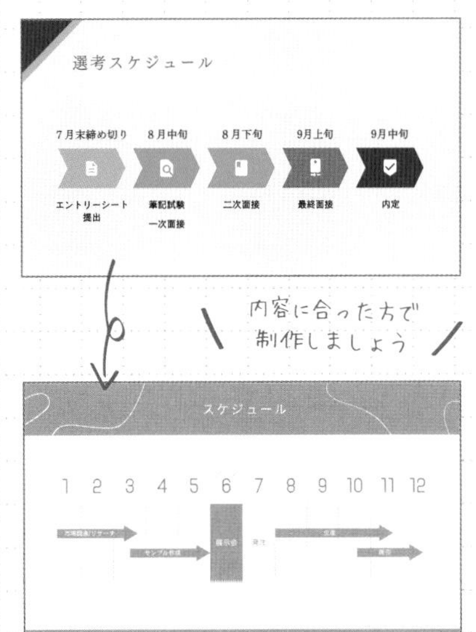

内容に合った方で制作しましょう

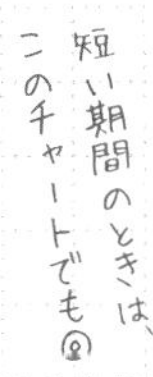

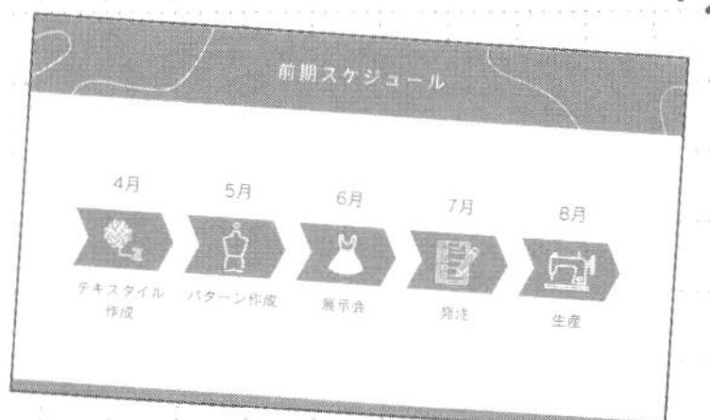

Plus Technique
プラステクニック

表を使ってガントチャートに

スケジュールは表を使っても表現できます。こちらは内容が多いときや複雑なときに、綺麗にまとめられるのでおすすめ。

表を活用してすっきり綺麗

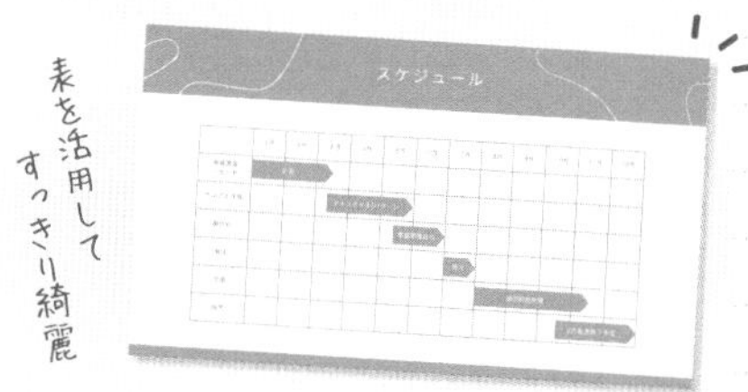

47 白を活かした明るく
クリーンな印象の説明資料

使用フォント／ セザンヌ ／ Poppins

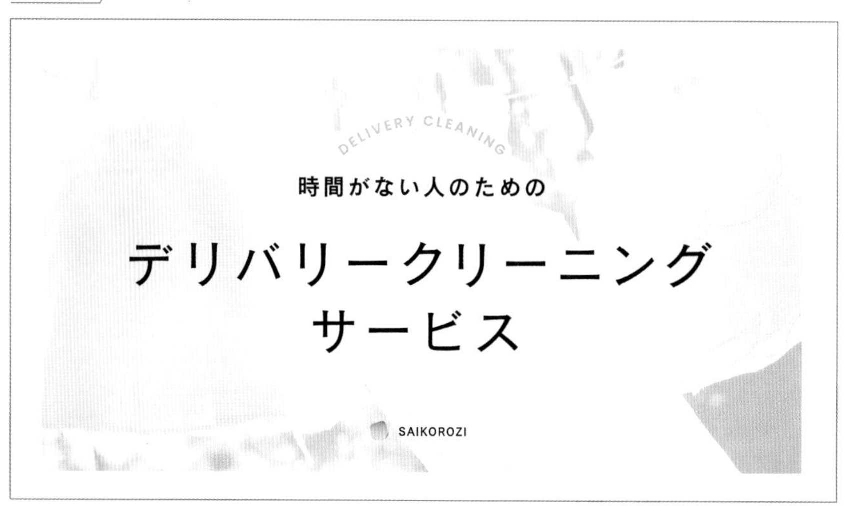

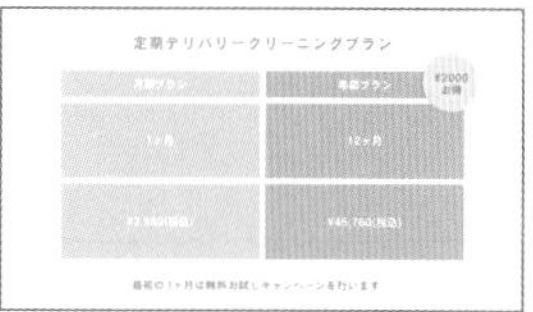

ノイズグラデーション素材を使ってポップで抜け感のある、魅力的な資料を作ってみましょう！
清潔感のある印象や爽やかに見せたいときにおすすめ。

テンプレート

SNS MARKETING
新しいお客様との出会い
SNS集客サービスのご提案
Salford & Co.

POINT

01 **図形や素材でPOPさをプラス**

02 **抜け感を出して見やすくする**

URL https://www.canva.com/ja_jp/templates/EAFf-tnZi_k/

Design recipe

まずは表紙から！

1 写真はほわっとさせて余白をつける

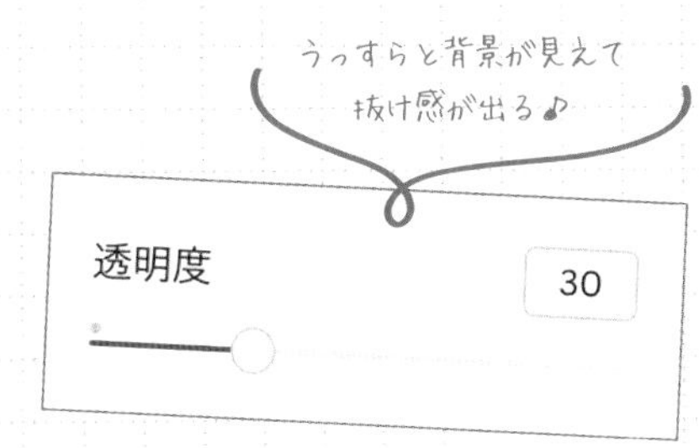

背景の写真を変更し、画面の周りに少し余白ができるぐらいのサイズに縮小します。余白ができることでスッキリとした印象に。また、背景の主張が強いとタイトルが見えづらいので「30%」ほど半透明にしましょう！

SNS MARKETING
新しいお客様との出会い
SNS集客サービスのご提案
Saiford & Co.

＞

DELIVERY CLEANING
時間がない人のための
デリバリークリーニング
サービス
SAIKOROZI

2 サブタイトルは湾曲させてリズムをつける

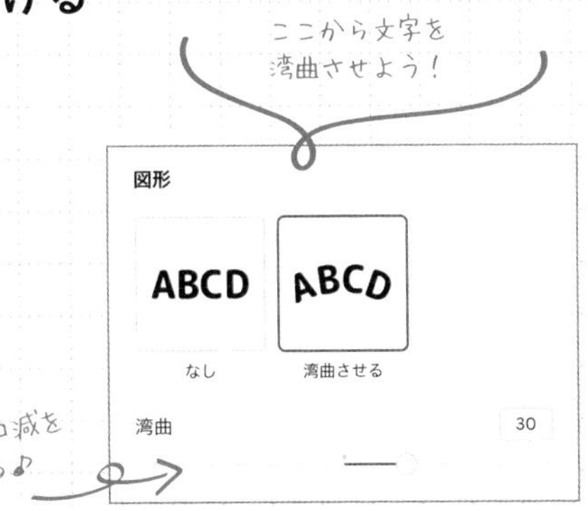

サブタイトルを湾曲させることで、直線上の文章が並んで単調だったのが、リズム感が生まれ、さらに読みやすくなります。また、あしらいとしての効果も生まれおしゃれに。湾曲させたい文字を選択し、メニュー上の［エフェクト］から「湾曲させる」を選ぶと湾曲させることができます。

∨

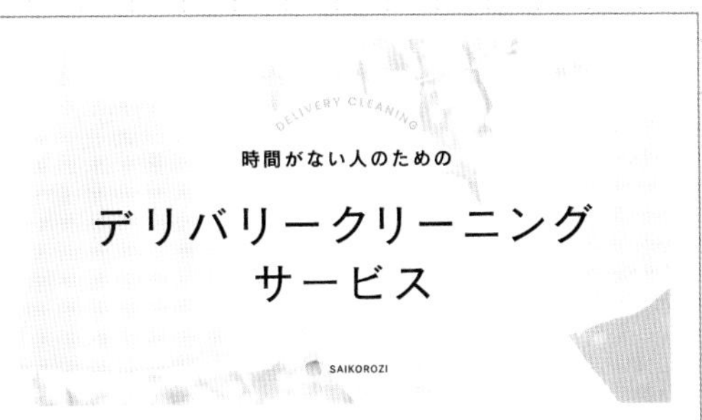

Design recipe

つぎは中身！

Template

3 四角はま～るく変更

テンプレートの「流れ」にある四角のグレーの図形を丸の図形に変更します。最初に四角の図形を選択し上メニューの［図形］にて丸に変更します。丸にすることで、かっちりとした堅苦しさが緩和され、やわらかでポップな印象に。さらに色は青と緑の清潔感のある色でグラデーションにするとgood！

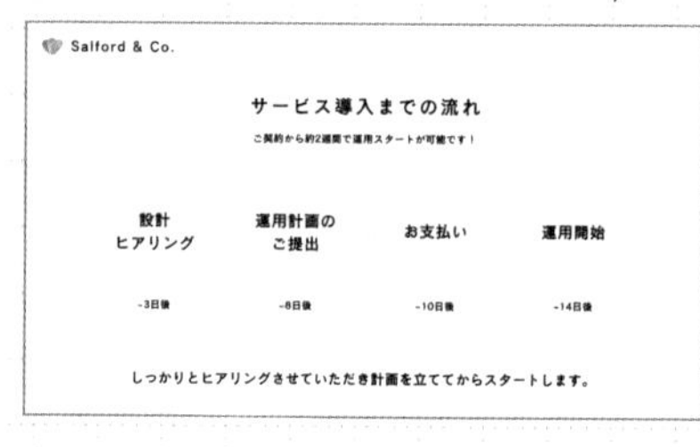

図形ツールで四角を丸に変更しよう！

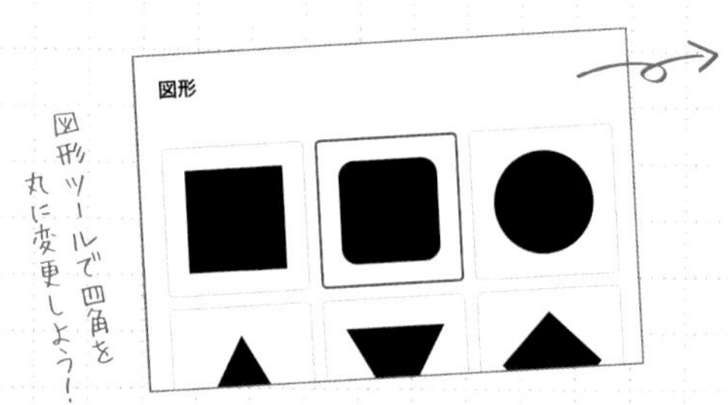

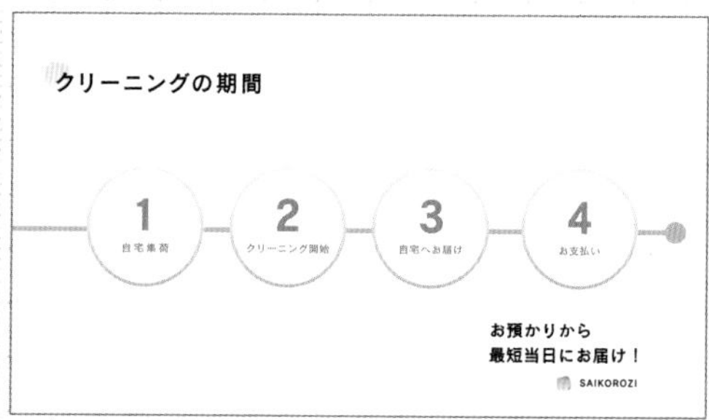

Template

4 イラストの背景にうっすらと素材を追加する

３つの要素を説明するイラストの背景に半透明にしたノイズの入ったグラデーションの素材を入れることでイラストが目につきやすくなり、内容をより理解しやすくなります。ここでは［素材］から「ノイズ　グラデーション　図形」と検索しました。

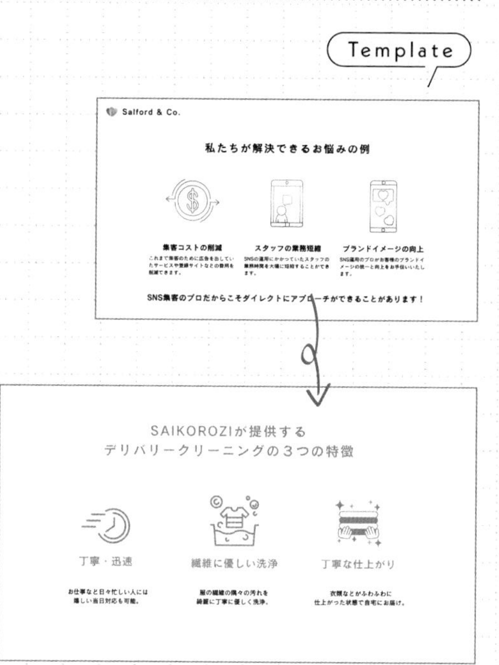

イラストがくっきり強調されました♪

Template

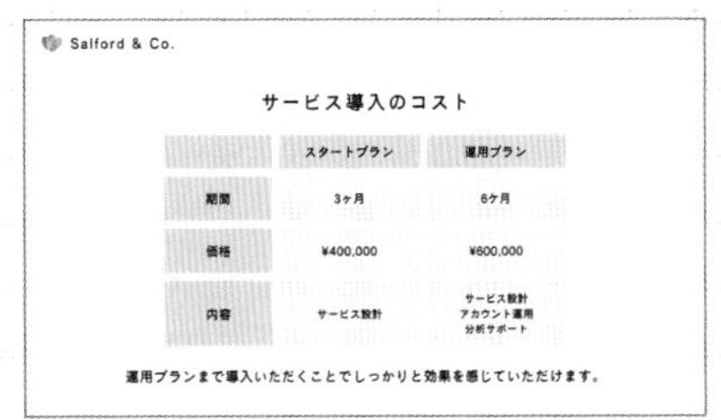

5 表を大きく、見やすく調整をする

表などのマスの数を調整したいときは、右クリックしながら表を選択すると「＋1列を追加する」「1列を削除する」などが出てくるのでそこで調整を行いましょう。また表の色も1マスずつ変更することができます。

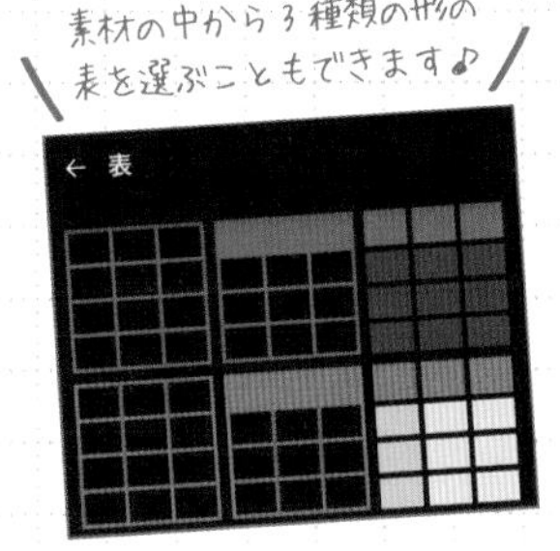

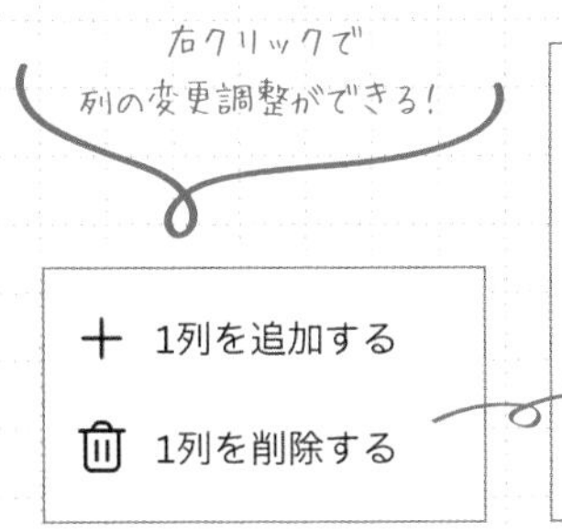

6 ポイントは図形や線を使って強調しよう

お得な情報やユーザーに「ここを伝えたい！」という情報には、文字の背景に図形などを敷いて強調しましょう！ 図形の色を表の色の補色にすると、図形が際立ち、アクセントとしての効果が高まります。

Plus Technique
プラステクニック

キャッチコピーの下に半円を敷く

キャッチコピーの下に半円を敷き、わざと文章がはみ出るように配置してインパクトを出しましょう。解説⑥の図形と同じ色にするとまとまります。

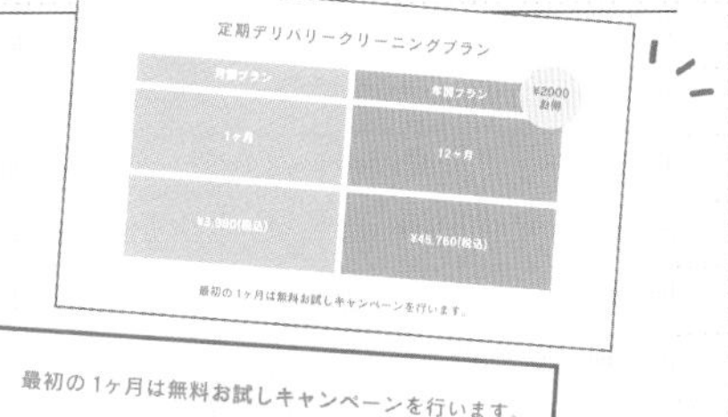

グラデーションと図形でスタイリッシュ

使用フォント／ 源泉丸ゴシック ／ Futura ／ M＋

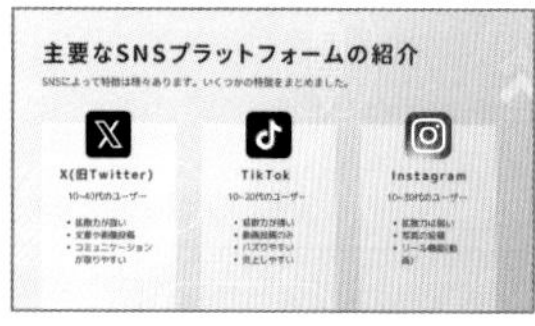

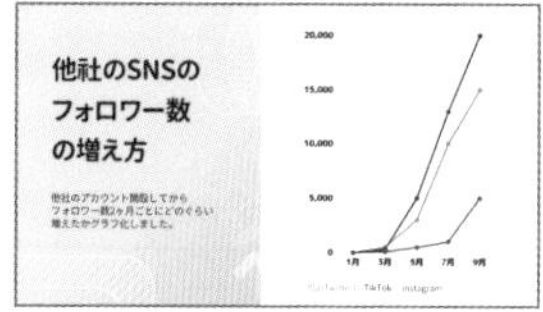

グラデーションと図形を使って分かりやすく、かつトレンド感のあるおしゃれな資料を作成してみましょう！

テンプレート

スタートアップのための週末シリーズ 2025

スポンサーシップについて

POINT

01 グラデーションと図形素材を追加

02 図形を透過させて抜け感を

URL https://www.canva.com/ja_jp/templates/EAEvdCv-EOE/

Design recipe

まずは表紙から!

1 背景にグラデーションを入れる

上メニューの「背景色」をクリックし、色味を調整します。グラデーションから好きな色味を選びましょう！1色の色背景からグラデーション背景にすることで柔らかさが生まれます。かつ青系なら真面目さもあるため、ビジネス資料に適しています。グラデーションに合わせてフォントは「源泉丸ゴシック」にして柔らかい、けどカッチリした印象に。

SHARE NETWORK FILE 2024
今後のSNS
マーケティング
戦略について
マーケティングプラン →

グラデーションで
雰囲気がグッと変わる♪

2 幾何学模様の素材を追加しよう

グラデーションの背景だけでは寂しい印象なので［素材］→「幾何学」と検索をし、素材を追加しましょう！ このときに透明度を「30%」ほどまで下げると背景に馴染むのでおすすめです。また、イラストの背景に長方形のグラデーションを敷くのもテクニックの一つです。今回は、背景の雰囲気に合わせてイラストもちょっとフランクなタッチのものに差し替えました。

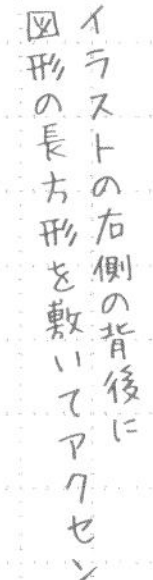

[素材]から「幾何学」と
検索しよう!

SHARE NETWORK FILE 2024
今後のSNS
マーケティング
戦略について
マーケティングプラン →

Design recipe

つぎは中身！

3 箇条書きを図形にまとめる

Template

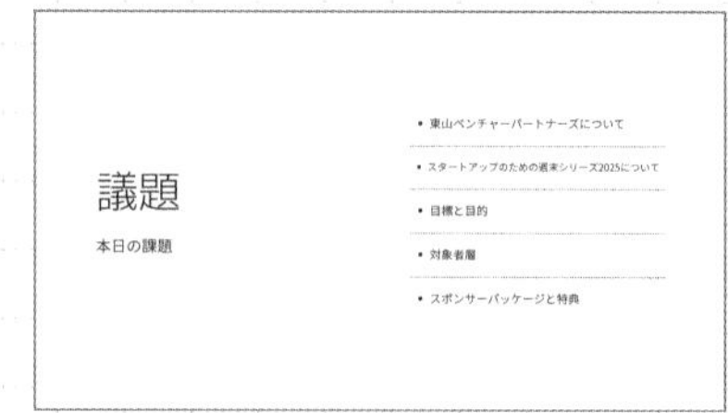

テンプレートの箇条書きを一度消して半透明の白い図形の丸を追加 しましょう。箇条書きの部分を丸の図形にすることで、文字が並んでいるだけより、視覚的に見やすくなり自然と情報が頭に入りやすくなります。文字が多くなりがちな資料でおすすめのテクニックです。

背景はP143で作った背景をコピーして貼り付けしたよ♪

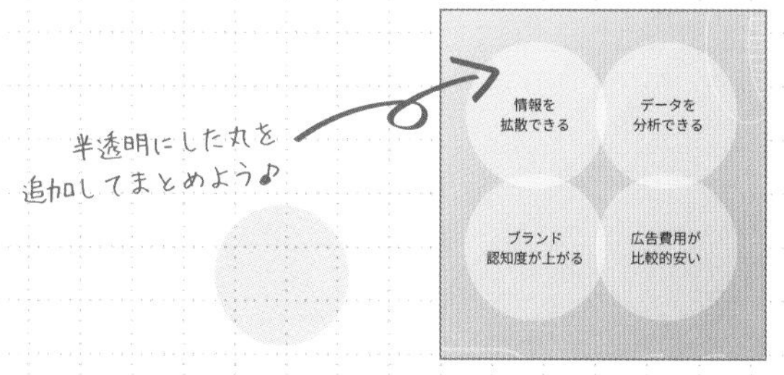

SNSマーケティングのメリットとは
情報を拡散できる
データを分析できる
ブランド認知度が上がる
広告費用が比較的安い

4 図形から素材をはみ出させてみよう！

Template

スタートアップのための週末シリーズのチーム
イベント期間中、あなたの頼りとなるメンバーの紹介
合田 隆 マーケティング責任者
和田 美咲 広報担当マネージャー
金田 瑠恵 イベントコーディネーター

テンプレートにある３つの四角の素材を消去し、半透明にした白い図形の四角形を追加します。ここでは「SNS　マーケティング」についての資料なので写真をアイコンに変更します。四角形の中にアイコンを収めるのもいいですが、右下の例のように、あえて図形から少しはみ出させる配置の仕方もテクニックの１つです。

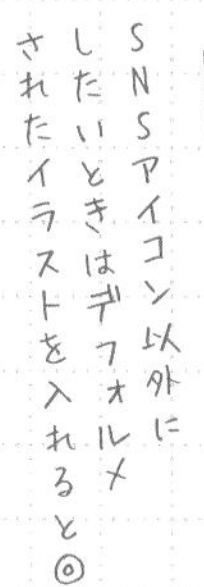

さいごにグラフ!

5 用途に沿うグラフに変更する

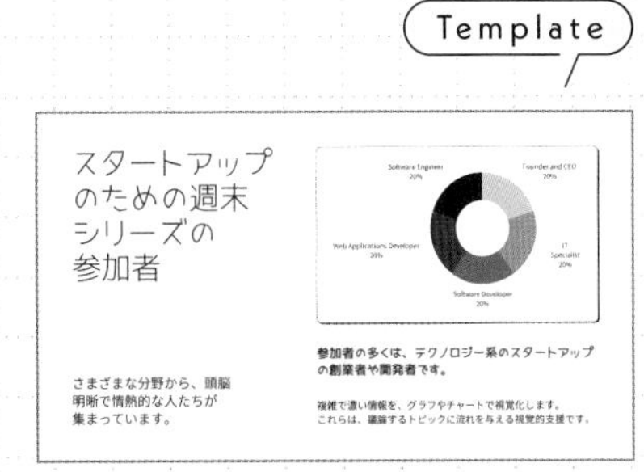

Canvaでは数種類のグラフが存在します。用途に合ったグラフに変更してみましょう! グラフを変更するときは[素材]をクリックし、下の方にスクロールをすると「グラフ」という項目が出てきます。

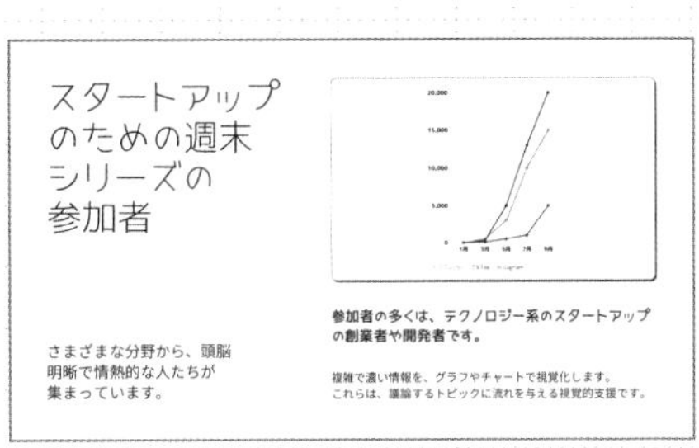

6 背景を区切ってグラフを見やすく

グラフと一緒に文章も入れたい場合は、文章のスペースとグラフのエリアで紙面を2分割で見せるレイアウトがおすすめ。グラフのサイズが大きくなり見やすくなります。グラフは上下いっぱいに大きく右に寄せて配置し、余分な余白はカットしましょう。また文章のスペースは背景に色を敷いてエリアを分けます。見やすいです。ここではこれまでと同じグラデーションの背景を入れました。

背景はP143で作った背景をコピーして貼り付けしたよ♪

図形を入れて半分に区切ろう!

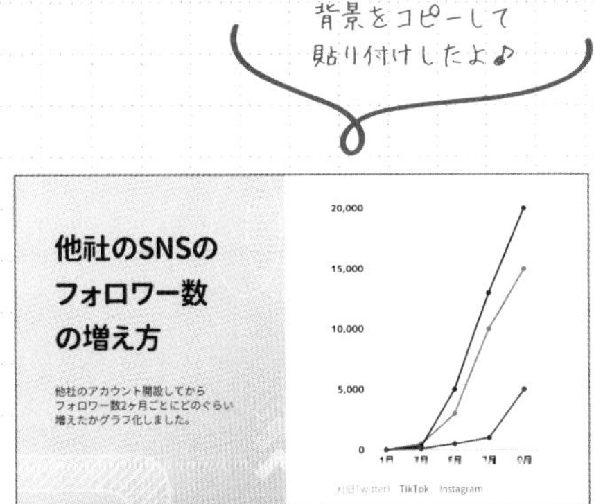

Plus Technique
プラステクニック

グラフの後ろの背景をカーブさせる

図形の白い丸を拡大し、背景に入れます。長方形の背景に飽きたときや、少しやわらかな印象を与えたいときにおすすめのテクニックです。

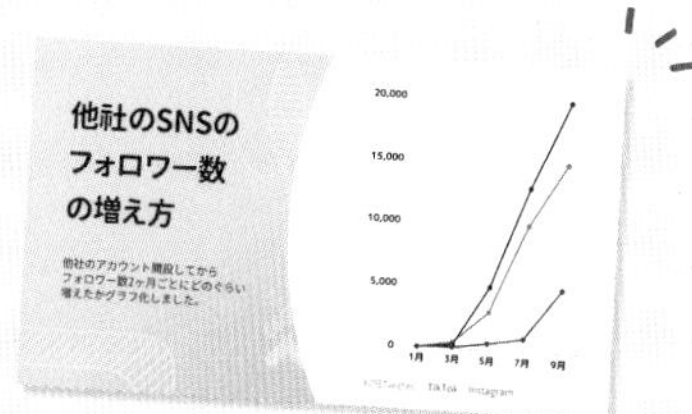

49 キャッチーでポップだけどスッキリまとまった資料

使用フォント／ コーポレート・ロゴ ／ さわらびゴシック

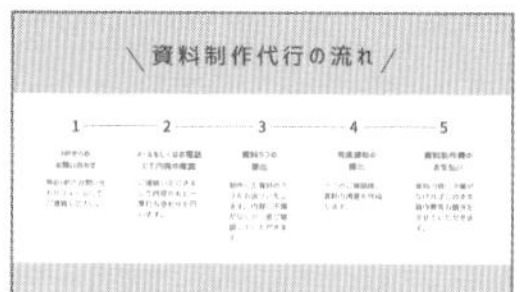

レイアウトは元テンプレートそのままで、背景に図形を敷くことで、ポップだけど情報にまとまりのある見やすい資料に。

テンプレート

POINT

01 タイトルを図形の中にまとめよう

02 あしらいや帯を使って見やすくしよう！

URL https://www.canva.com/ja_jp/templates/EAEIWdEZJ0I/

Design recipe

まずは表紙から！

Template

1 ふきだし風の図形でタイトルをまとめる

［素材］の中の「図形」から丸と四角の図形同士を組み合わせて、ふきだし風の図形を作ってみましょう！キャッチーな印象になる上に、タイトル部分を図形の中にまとめることで情報が見やすくなるので資料を作成するときにおすすめのテクニックです。

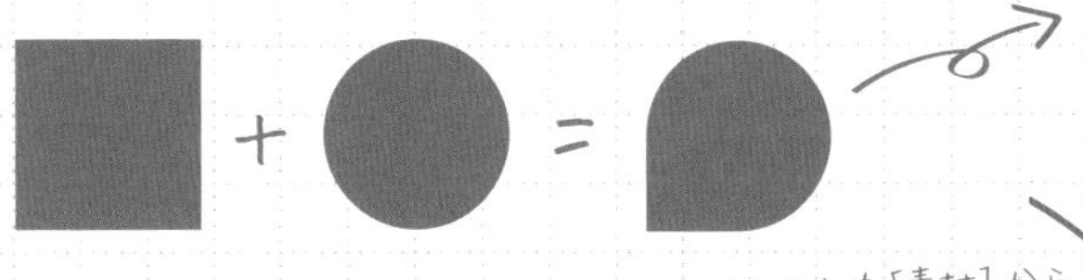

イラストも［素材］から「パソコンイラスト」などと調べて置き換えよう♪

2 キャッチコピーの一部をアイコン化

キャッチコピーのうち、重要なキーワードに角丸四角形の帯を敷いてアイコンのように見せると、文章にメリハリがついて、読みやすくなり、サービスの魅力も伝わりやすくなります。帯を入れたい文字を選択し、メニュー上の［エフェクト］から「背景」を選択すると文字の背景に帯が出てきます。また、下のバーの数値を調整することで大きさや角の丸さを調整することができます。

ここで調整できるよ♪

Ag
背景
丸み 100
スプレッド 60
透明度 100
カラー

見やすい 分かりやすい センスがいい
と思われるような資料を作成します

メリハリのあるキャッチコピーの完成！

丸い帯が入った文字の完成♪

プラステクニック

タイトル部分の図形に色影を

タイトルと同じ図形を用意し、解説①の図形の背景に配置します。その後、図形の色を変えると立体的に見える影の完成。

文字と同じ色の影にしよう

Design recipe

つぎは内容部分！

3 イラストとふきだしを組み合わせて

本文は表紙で使ったふきだしにまとめると統一感が生まれる上、文字の視認性もアップし内容を理解してもらいやすくなります。またイラストを入れるときは、線２本のふきだしを入れると親しみのある雰囲気が作れます。

Template

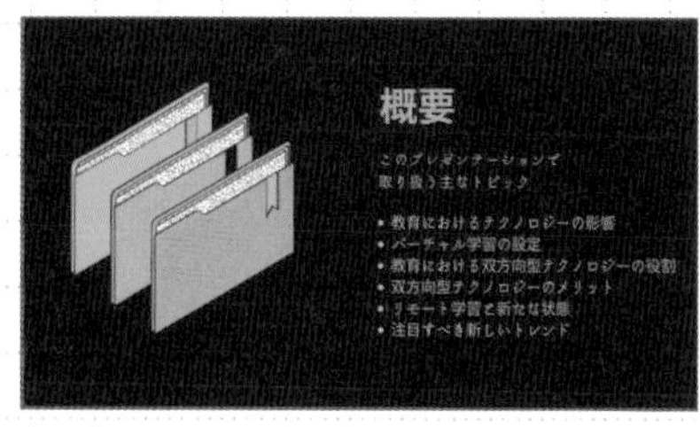

どのような資料が
作れますか？

線２本のふきだしに
メッセージを入れて
相手に伝わりやすく

• プレゼンテーション資料
• レポート
• ビジュアルコンテンツ
（グラフィック、イラストレーション）
• ビジネスプラン
• マーケティング資料

4 白帯を使ってデザインに流れを作ろう！

サービスの流れや手順など、ステップ紹介を横に並べるときは、横長の長方形の図形を紙面の横長いっぱいに帯状に敷いて、流れを見やすくしてみましょう！ 白帯を敷くだけでできます。

Template

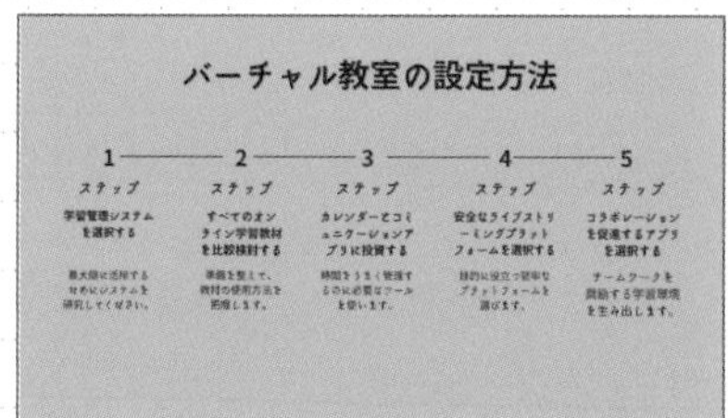

白色の図形を組み合わせて
見やすくしよう♪

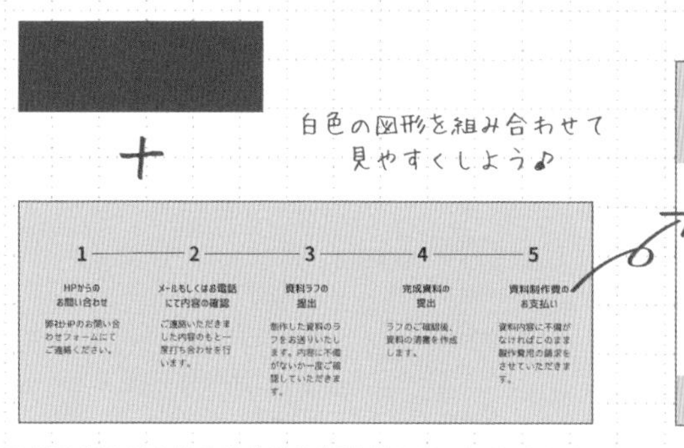

＼資料制作代行の流れ／

1 HPからの お問い合わせ
2 メールもしくはお電話 にて内容の確認
3 資料ラフの 提出
4 完成資料の 提出
5 資料制作費の お支払い

5 丸の図形で情報を分ける

2つの情報を丸の図形で分けることで情報の区別がつきやすくなります。比較する情報や、同列の情報を見せるときにおすすめです。図形の中の文字はしっかりメリハリを作りましょう。

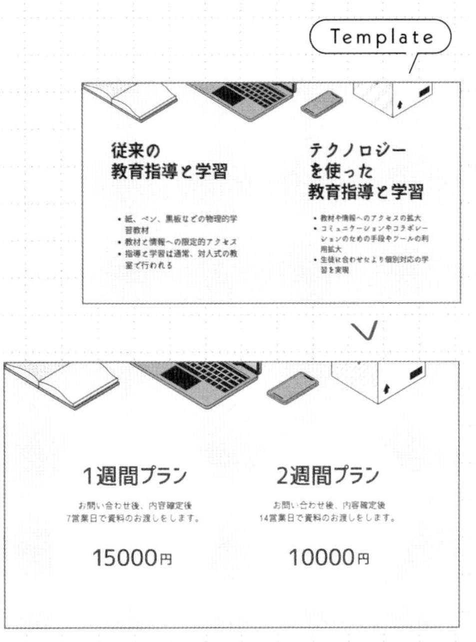

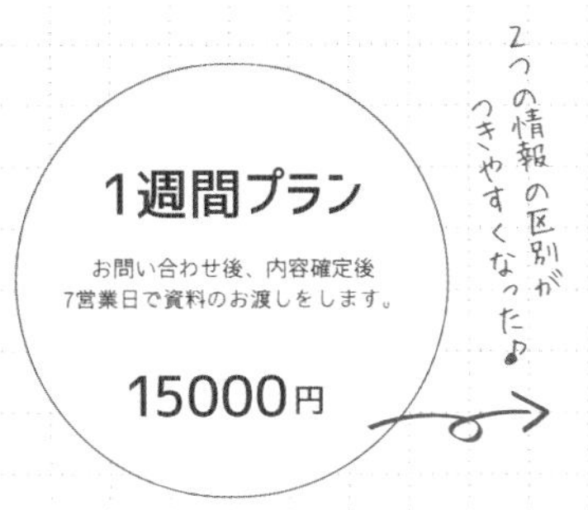

2つの情報の区別がつきやすくなった♪

6 イラストを柄のように見せる

イラストを背景に散りばめることで柄のような表現にすることができます。ポップなデザインにしたいときにおすすめ。イラストを使うときはすべてのタッチを揃えましょう。

イラストを入れてにぎやかに♪

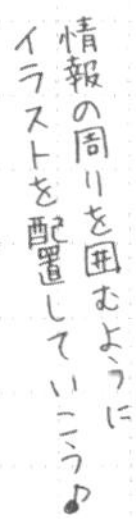

Plus Technique
プラステクニック

情報ごとに色を分けてさらに区別しやすくしよう！

図形の色を情報ごとに分けると、一目見るだけで区別をつけることができます。

スッキリ整って見える シンプルな名刺

使用フォント／ はんなり明朝 ／ Amiri ／ Beautifully Delicious Script

文字を整列してスッキリとしたシンプルな名刺を作ってみましょう。

テンプレート

高橋 愛子
スタイリスト
STYLIST
Aiko Takahashi
+123 456 7890
www.reallygreatsite.com
hello@reallygreatsite.com
@reallygreatsite

POINT

01 **文字の並びを統一しよう**

02 **細い線のイラスト＋筆記体は相性抜群**

URL https://www.canva.com/ja_jp/templates/EAFMBVwDL1s/

Design recipe

1

文字はすべて横並びで読みやすく

名前を横書きに変更します。名前も他の情報と同じように横並びにすることで統一感と、名刺を見たときの視線の動きが一定になるため読みやすくなります。フォントは、丸みのある優しい明朝体「はんなり明朝」に変更。強すぎない、優しい印象に仕上げました。

2

情報をZ型に並べる

名前、肩書き、連絡情報など、優先順位を決めて文字サイズなどを調整します。重要な名前は大きく、そのほかの情報は名前よりも文字サイズを2〜3ptほど小さくすると、読みやすくなります。仲間の情報同士は、距離を少し狭めるとまとまりが出て見やすくります。

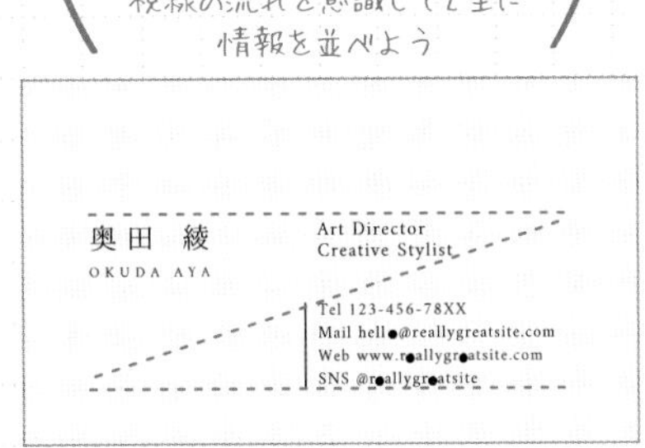

3

裏面は線の細いイラストと筆記体でスッキリと

[素材]から「線　人」と検索をすると沢山のイラストが出てきます。中でも線の細いイラストを使うことで繊細でスタイリッシュな名刺を作ることができます。また、イラストの左右に筆記体を入れるのもおすすめ。背景の色もクリームカラーで温もりを感じるテイストに。

Plus Technique
プラステクニック

文字に色をつけてワンポイント

名刺の表面は、文字の一部にワンポイントとして色をつけるとおしゃれでカジュアルな雰囲気になります。

51 ゆるめフォントとクラフト紙でぬくもりを伝えるショップカード

使用フォント／花風なごみ（プロ）／Kiwi Maru

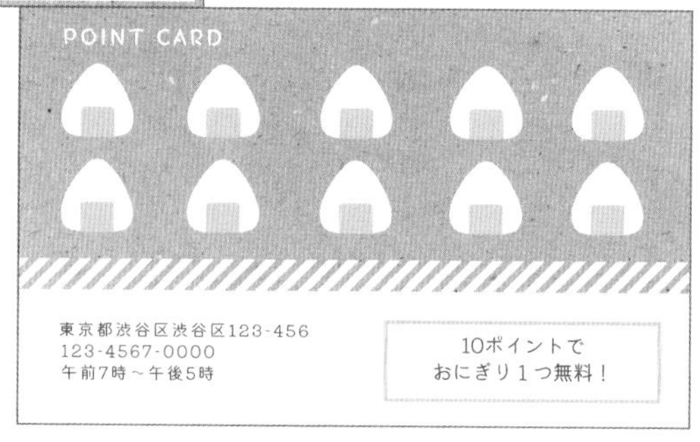

紙の素材を背景に敷くと、手作りのぬくもりが伝わるカードに様変わり。ハンドメイドや料理店で、ぬくもりや手作り感をアピールしたいときにおすすめ。

テンプレート

POINT

01 **紙の素材を使ってクラフト感を**

02 **ゆるいフォントでかわいく**

https://www.canva.com/ja_jp/templates/EADr0eQ2gfM/

Design recipe

1 紙の素材を背景にしてクラフト感を出そう

［素材］から「紙」と検索をし、好きな紙を背景に追加。ここではクラフト感のある紙を選びます。次におむすびのイラストを写真に変更したり、おむすびの下に和柄などを敷いてかわいらしくしてみましょう。和柄は［素材］から「和柄」と検索すると出てきます。

紙素材でクラフト感を♪

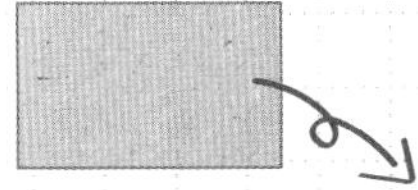

2 ゆるいフォントでかわいくしよう

キャッチコピーと店舗名すべて、ゆるくてかわいらしいフォントにしましょう。ここで使用しているフォントは「花風なごみ」です。

ゆるくてかわいい♪

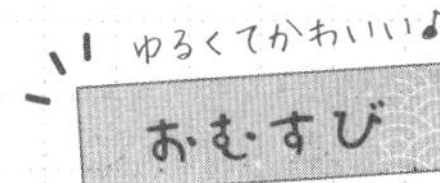

- ひとつひとつ、真心を -

3 ポイントを押すところは幅広めに

裏面はテンプレートのおにぎりのイラストを利用します。文字を調整して、イラスト同士の間隔をあけて抜け感を出しましょう！ さらに、元々あった左上の斜線をコピペして長い斜線にし、情報とスタンプエリアを区切る装飾ラインとして入れるとかわいらしくなります。

テンプレートの裏面

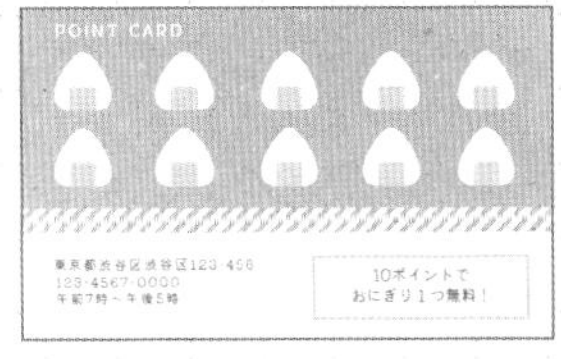

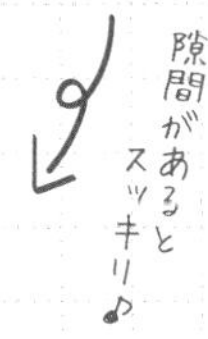

プラステクニック

斜線を上下に入れてかわいく

③で作った斜線をコピペして、上下に入れたら完成♪

白の斜線がかわいい

ポップでにぎやかなかわいい名刺

使用フォント/ セザンヌ / Bukhari Script / Now / Halimum

テンプレートに少し素材を入れるだけでポップでにぎやかな名刺になります。もらった人がワクワクしそうです。

テンプレート

POINT

01 素材を追加してにぎやかに

02 ロゴ風フォントで簡単にかわいく

URL https://www.canva.com/ja_jp/templates/EAE6p2G6PPk/

Design recipe

1 色々な形の素材を追加する

テンプレートにある丸の素材を少し外側に移動させて、内側をスッキリとさせましょう！ 次に［素材］から「曲線」を検索し、曲線の図形を配置していきます。もし、曲線と同じテイストのイラストをさらに追加したいときは「自動おすすめ機能」を使ってイラストを選ぶと簡単に統一感が出て便利です。

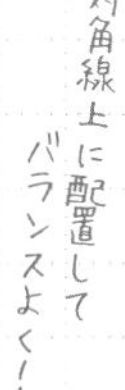

2 背景に枠線をプラス

図形の四角を追加し、背景に枠線のように配置します。色は明るいイエローにするとデザインが一気ににぎやかになります。

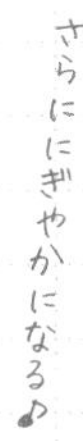

3 ロゴ風フォントでにぎやかに

次は裏面を。まず最初に丸の素材の位置を外側に調整し、真ん中を空白にします。次にフォント名「Bukhari Script」を使えば簡単に文字をロゴのようなデザインにすることができます。さらにメニュー上の［エフェクト］の「エコー」を使えば影が入り立体感が。ここでは影の色は黄色にしました。

テンプレートの裏面

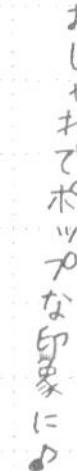

プラステクニック

枠線を3つにする

1つしかなかった枠線を3つに増やせばまるで虹のようなかわいらしい枠に。配色は全体を3～4色でまとめましょう。

虹っぽくかわいい♪

Design recipe

53

ぬくもりカラーの和モダンな年賀状

使用フォント / Futura / さわらびゴシック

和の素材は模様や形にインパクトがあるので、配色を薄くすると大人和モダンな雰囲気に変わります。

テンプレート

新春のお慶びを申し上げます

旧年中は何かとお世話になりました
本年も皆様のご多幸をお祈り申し上げます
今後とも変わらぬお付き合いを
お願い申し上げます

〒123－4567
岡川市大通り2-10 セントラルビル10階
大野俊史

POINT

01 イラスト素材を対角線上に配置してグラフィカルに見せる

02 色合いを全体的に淡くし、大人モダン風に

URL https://www.canva.com/ja_jp/templates/EAFQxmlSxtw/

Design recipe

1 素材の位置を対角線上に移動する

元々テンプレートにあったイラストの素材の位置を調整しましょう。左ページの完成図のように、対角線上に素材を配置するとバランスよく見えます。また、フニャッとした丸い素材は、他の素材とメリハリを利かせる役割があるので、右に寄せてメインで配置します。

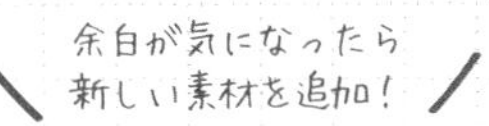

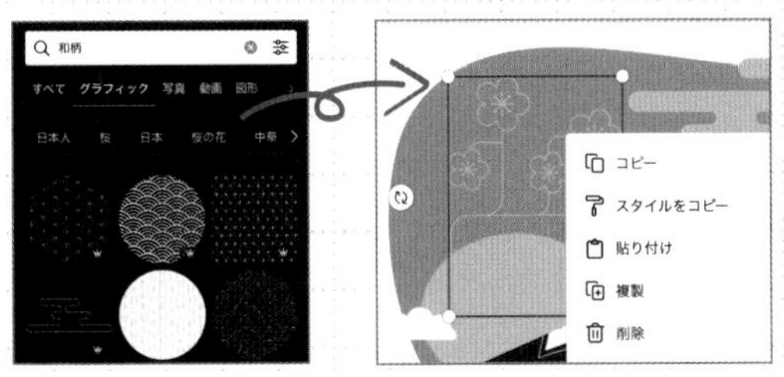

2 イラストの色味は淡くし、紺色でアクセントカラー

背景は、グリーンの落ち着いた色味に変え、和の素材もブルー系にして、透明度を「50%」にするなど彩度を低くしてなじませます。西暦は、丸の図形と組み合わせてワンポイントに！ タイトルの文字間は少しあけて抜け感を出すのもおすすめです。

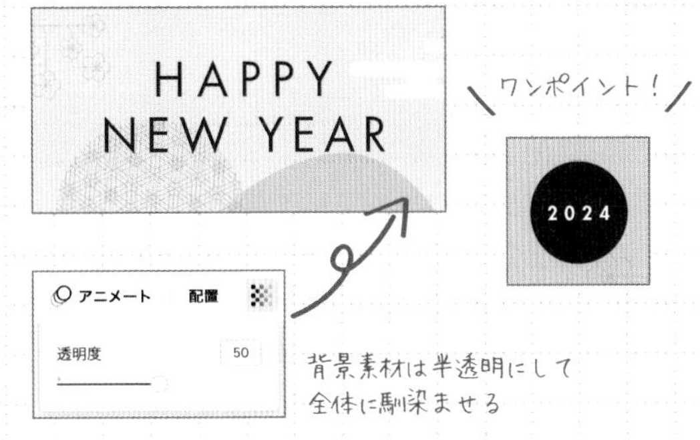

3 線タッチの干支のイラストを追加

シックで大人な配色に合わせた干支のイラストを追加しましょう。背景のフニャッとした図形の上に置くと主役感がアップします。

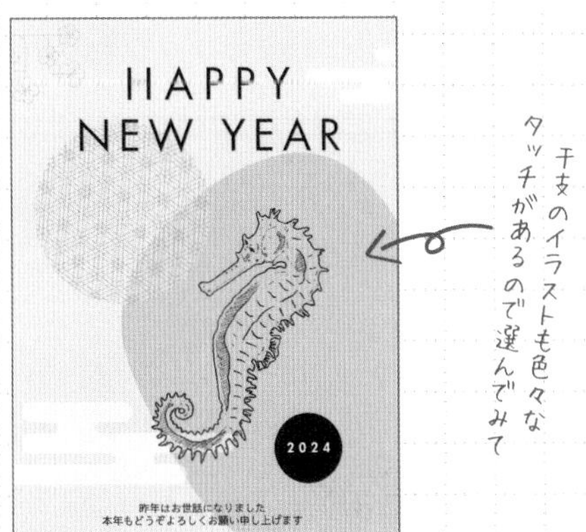

プラステクニック

ワンポイントに線を入れてみる

タイトルの横に線を入れてワンポイントを追加してみましょう。

筆記体が映える リッチ感のあるフラワーカード

使用フォント / Beautifully Delicious Script / Ovo

中央のシンプルな筆記体のデザインを活かしつつ、華やかな花柄を両端にアクセントとしていれて、華やぎのあるデザインに。少しリッチ感を加えたいときにおすすめ。

テンプレート

POINT

01 華やかな花柄の素材を追加する

02 筆記体に合うあしらいを追加する

URL https://www.canva.com/templates/EAFUoR_RBpg/

Design recipe

1 両サイドに花柄を帯状にあしらう

テンプレートにある草のイラストは削除し、カードの背景に花柄を敷きます。［素材］で好きな花柄を検索し、最背面に配置。その後、側面に花柄が残るように薄いベージュ色の四角形の図形を中央に配置。重ね順としては、文字と花柄の間（文字の背面で花柄の前面）に配置します。

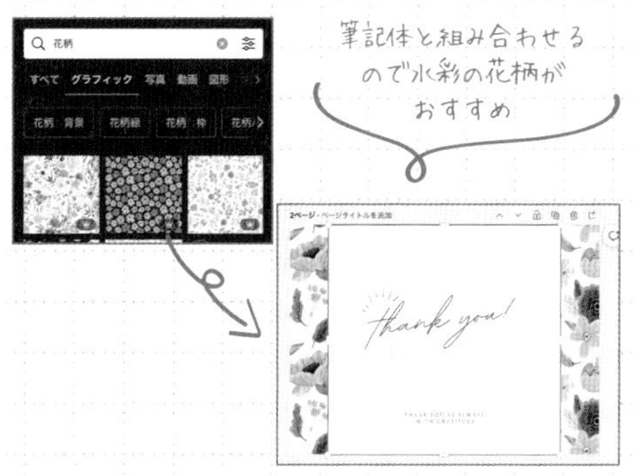

2 細やかなあしらいを追加する

筆記体の英字がより映えるようにあしらいを追加します。［素材］で「あしらい」と検索し、強調線などを追加してみましょう。シンプルなデザインこそあしらいをつけて、細かな部分に工夫をプラス。

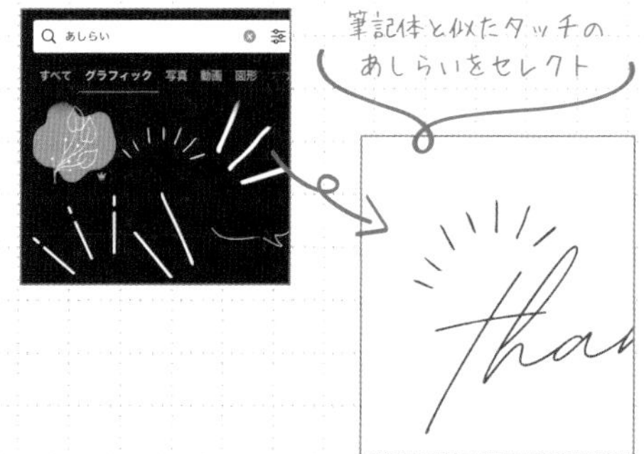

3 ペンの素材を文字の下に敷く

［素材］で「ペン」と検索し、文字の下にラフな線の素材を追加します。色が濃いと文字が見えにくくなるため、透明度を「30%」まで下げて薄くします。すると一気に華やかな印象に。

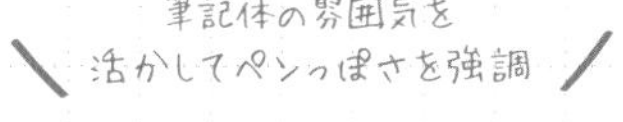

thank you!

プラステクニック

レター風にしてみる

［素材］から線を追加し、角度をつけてレター風に。［素材］→「シーリングワックス」を載せるとさらにレター感が出ます。

Design recipe

55

大理石の背景にゴールドをきかせた結婚式の招待状

使用フォント / Aniyah / CINZEL

フレームがシンプルなテンプレートは背景の柄を変えるだけで色々なデザインにアレンジできます。

テンプレート

POINT

01 **大理石＋ゴールドで上品なデザインに**

02 **少しの工夫で今よりもっと上品に**

URL https://www.canva.com/ja_jp/templates/EAFp3WlnLQc/

Design recipe

フレームの背景をラグジュアリーな大理石に

テンプレートの背景の柄を消去し、[素材] から「大理石」と検索し、背景に追加しましょう。ここでは上品なデザインにしたいので、選んだ大理石の主張が強い場合は、透明度を調整すると落ち着いた印象になります。

大理石の主張がちょっと強いときは…

透明度や色調を編集し、落ち着いた印象に♪

2 文字色を2色に増やす

目立たせたいタイトルにはゴールドカラー、それ以外はグレーを使用してメリハリのあるデザインに！ 使う色は2色までに絞ると洗練されて見えます。また、余白のあるところにはワンポイントとして素材の指輪イラストをいれるとさらにオシャレになります。

色と素材を増やすだけで印象が変わりました

上品デザインには細めの線で

周りの枠線の太さを細くしたり、文字間をあけるなど少し手を加えるだけで、繊細な印象になりぐっと上品なデザインになります。線と文字の細かな調整は画面上のメニューですべて行えます。

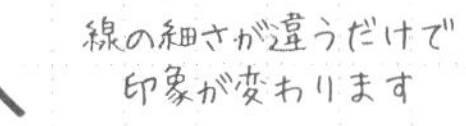

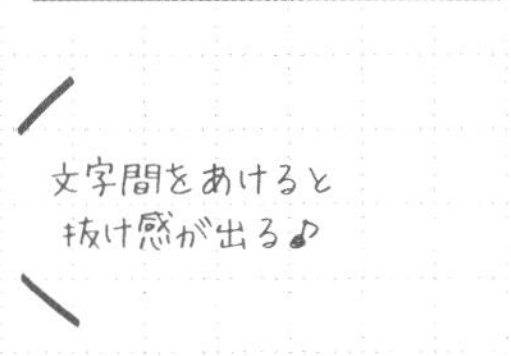

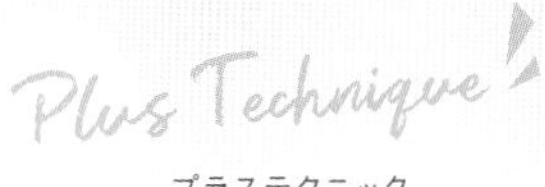

プラステクニック

中央の枠と図形の形を変える

もう少し印象を変えたいという方におすすめ！ テンプレートにある中央の図形を選択し、上のメニューにある［図形］をクリックし、形を変えてみましょう♪

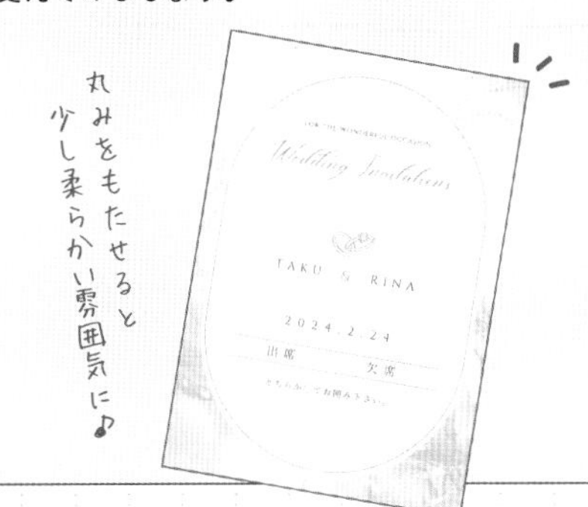

Design recipe

56

デザイン＋テンプレートで結婚式のメニュー表

使用フォント／ Aniyah ／ Cormorant SC ／ 筑紫明朝

P160で作った結婚式の招待状のデザインとテンプレートを組み合わせた時短テクニックをご紹介！

テンプレート

POINT

01 **テンプレートの使いたいところをコピーして貼り付ける**

02 **文字のサイズなどを変更して読みやすいデザインに**

URL https://www.canva.com/ja_jp/templates/EAFICgZLBGo/

Design recipe

テンプレートをコピーし貼り付ける

P160で作ったデザインのフレーム以外を消去します。次にテンプレートを開き、引用したいメニューの文字部分をコピーし、使いたいフレームの中身部分に貼り付ければ合体完了♪

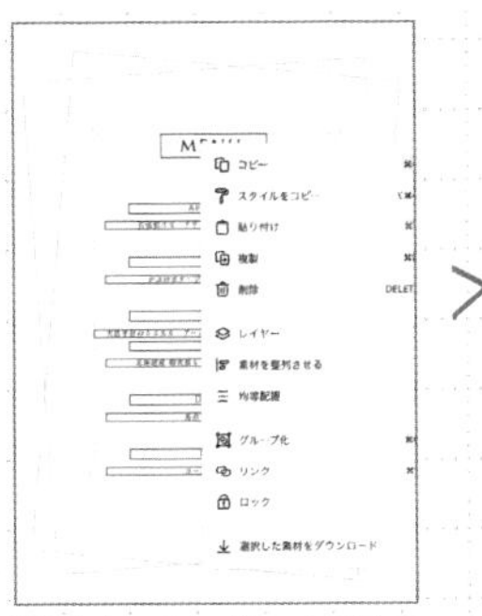

引用したいテンプレート部分をコピー

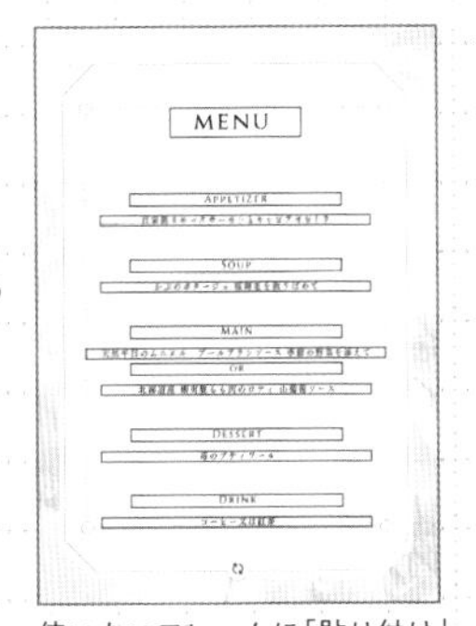

使いたいフレームに「貼り付け」をしたら合体完成！

② 文字のサイズを変更して読みやすくしよう！

解説①で貼り付けた文字はタイトル以外すべて同じ文字サイズなので、「タイトル」「サブタイトル」「詳細」の３つの役割ごとに文字サイズを変えてあげると見やすいメニュー表になります。詳細はサイズが小さいので黒文字にして読みやすくし、タイトル部分には線のあしらいをつけると、さらに情報の区別がついて判別しやすくなります。

③ 情報を区切ってさらにわかりやすさアップ

食事の情報と、デザート＆ドリンクの情報を点線で区切ることで情報が整理されます。線で情報を区切るときは、必ず区切ってもいい内容か確認をしてから区切りましょう！

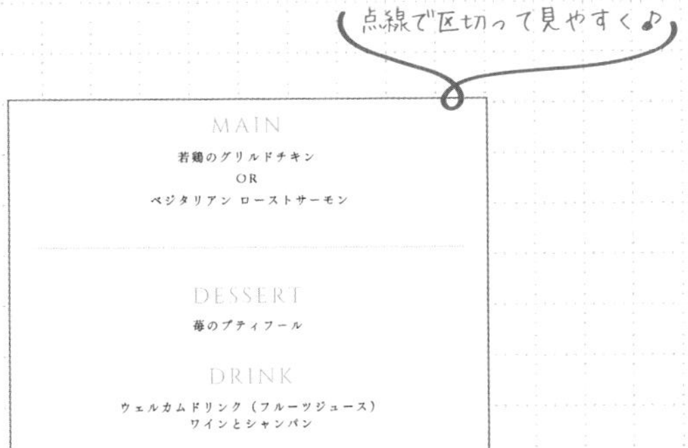

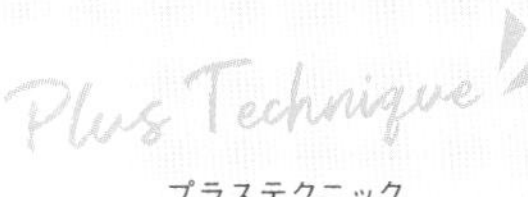

プラステクニック

角にゴールドの三角をいれる

対角線上にゴールドの三角をいれると華やかさが加わり、リッチな印象に！ 図形を上手に使ってみましょう♪

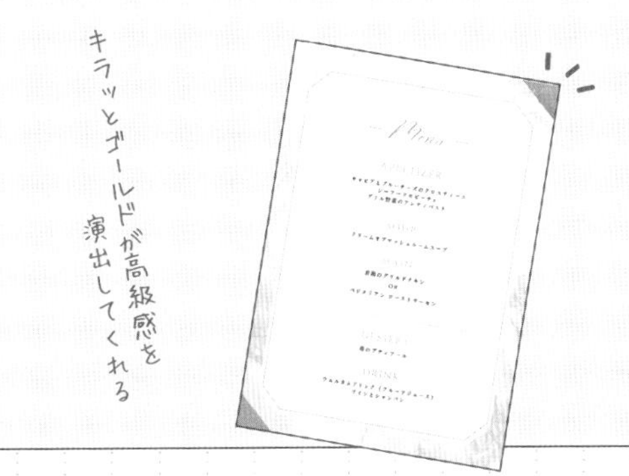

線で囲って
シンプルエレガントに

使用フォント / Clear Sans / Beautifully Delicious Script

楕円の線で文字周りを囲ってシンプルだけどエレガントな雰囲気のアルバムの表紙を作ってみましょう。

テンプレート

POINT

01 **タイトル周りに楕円の装飾を追加する**

02 **ワンポイントとなる イラスト素材を追加する**

URL https://www.canva.com/p/templates/EAFFAWt_he4/

Design recipe

1 文字周りを楕円で囲って一工夫

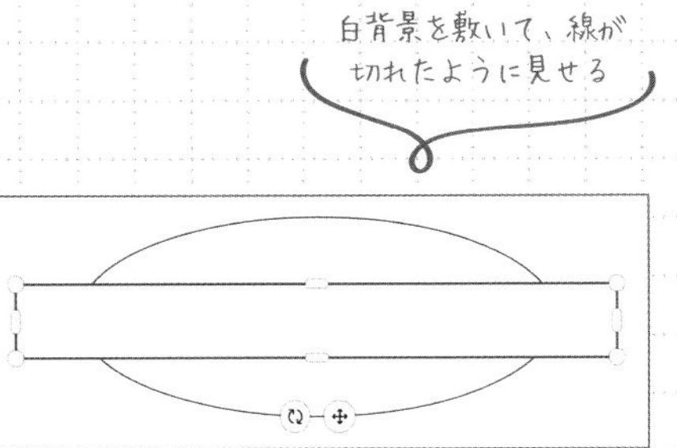

まず［素材］から図形の丸を追加し、黒い枠線の楕円になるように調整します。楕円の枠線は細く設定しましょう。次にタイトルの文字を入れる部分を作るため、楕円の上に四角の白背景を重ねると、文字がのる部分だけ楕円の枠線が切れたように見せることができます。

2 物寂しいときはイラストを追加

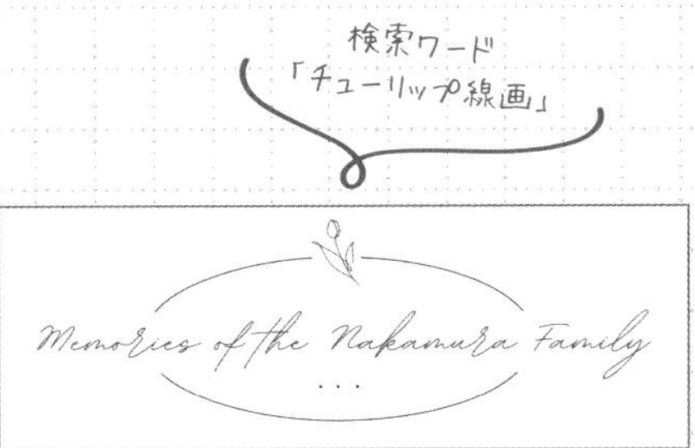

このままではシンプルで寂しい印象なので、ワンポイントとして素材を追加するとさらにおしゃれなデザインになります。こちらも、素材と線が被らないようにしたいので、解説①で紹介した方法で線に被らないようにしてみましょう。

3 写真の上下に線を追加

写真の上下に線を追加します。また、下の余白にも文字を配置して、タイトル周りの装飾と写真周辺の装飾に統一感を持たせることで、垢抜けた印象になります。

Plus Technique
プラステクニック

背景カラーでイメージをチェンジ

背景や文字、線などの色を変えるだけで雰囲気がガラッと変わります。一気に雰囲気を変えたい人におすすめ。

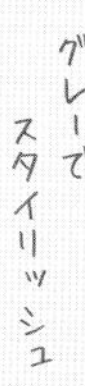

58

ステッカー風のお店ロゴ

使用フォント / Holiday / いろは角クラシック / Futura

SNS
AD
Ads
OTHER

Since 1999
Bonne Chance
ボンシャンス
the drink shop & cafe

手書き風のフォントとイラストでアナログ感のあるかわいいステッカーのようなロゴを作りましょう。

テンプレート

POINT

01 手書き風フォントを斜めに配置

02 イラストでかわいらしさをプラス

URL https://www.canva.com/templates/EAFuuLBmyrQ/

Design recipe

1 名前部分はすべて筆記体に

お店の名前部分はすべて筆記体のフォントに変更して斜めに配置。ロゴの場合、文字が細いと視認性が低くなるので太めの筆記体がおすすめ。筆記体のフォントは「Holiday」にしました。筆記体のみだと読みにくい場合は、ふりがなを小さく追加すると◎。

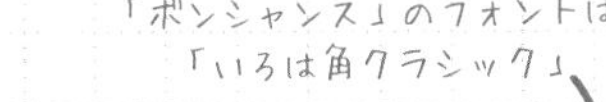

>

2 線で囲って引き締める

丸の線を付け足すことで、引き締まったデザインにしてみましょう。線と文字が被ってしまうところはP165同様に背景と同じ色の長方形を線の上に敷いて、その上から文字を載せると線が切れたように見えます。

文字と線が被るところは背景と同色の図形を敷いてみよう！

3 空いている空間に素材を追加

少し寂しい印象がある場合は空いているスペースにお店と関連のあるモチーフなどのイラストを追加しましょう。お店のイメージもより湧きます。また店名に注目を集めたいときは強調線のあしらいもおすすめです。キャッチーにして注目度を高めていきましょう！

プラステクニック

背景をストライプにしてもかわいい

無地の背景にうっすらとストライプを追加すると、ポップでかわいい印象がUPします。

ストライプでかわいらしく♪

59 文字をジグザグに置いて かわいいロゴに

使用フォント／ ベビポップ(プロ)

文字をジグザグにずらして配置することで、かわいらしいロゴデザインにしましょう。

テンプレート

POINT

01 文字を上下にジグザグに

02 波線やイラスト素材を追加して華やかに

URL https://www.canva.com/ja_jp/templates/EADklob7HFw/

Design recipe

1 文字を上下にずらす

文字をずらすだけで、リズム感が生まれ、読みやすくなります。文字をずらすには1文字ずつ文字を分けておく必要があります。1文字ずつ別々に文字を打ち込んだらそれぞれを移動させてみましょう♪

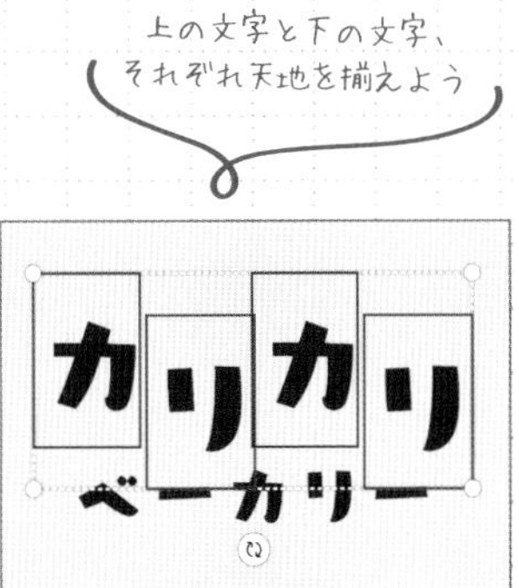

2 店名と連動したイラストを追加

元々のテンプレートにあるピンクの図形を消去し、スッキリとした印象にして文字を引き立たせましょう。次に強調したい文字に波線をつけていきます。ここでは「カリカリ」の部分を強調したいので「カリカリ」の下に波線を敷きます。最後に上に空間ができるので、中央にイラストなどを入れてワンポイントに。

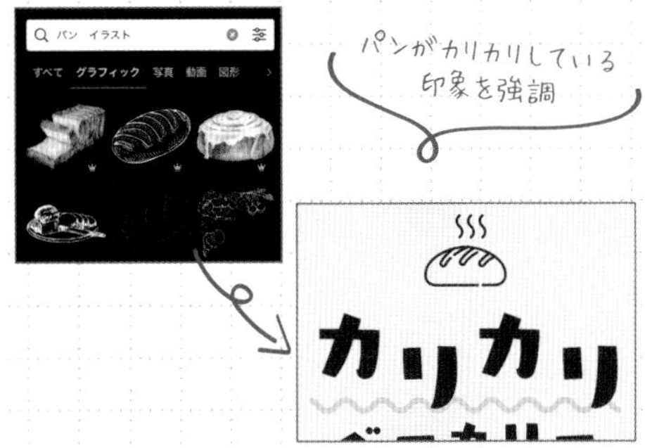

3 サブタイトルを移動

テンプレートの英語のサブタイトルでは枠の外にある線の上に置かれていますが、情報を枠の中にまとめてスッキリとさせてみましょう！ また、タイトルとサブタイトルで使うフォントを同じ種類にすると統一感が出ます。

プラステクニック

周りにイラストを追加

ロゴをさらににぎやかにしたいときはロゴ周りにイラストなどの素材を追加してみましょう！ ここではパンのイラストで囲ってみました。

色数が少なくても楽しい雰囲気に！

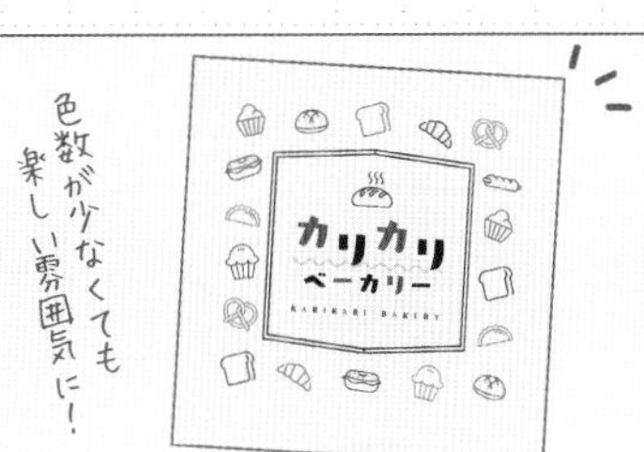

ゴールドがキラッと映える看板風のロゴ

使用フォント／ Warm Script ／ マティス ／ ほのか明朝

テンプレートにある丸をお月様に見立て、アクセントに素材を加えたロゴを作ってみよう。

テンプレート

POINT

01 丸い図形の角度を変えて月に見立てる

02 手書き線を入れて流れ星のように

URL https://www.canva.com/templates/EAFNSCeT-9I/

Design recipe

1 丸い図形の角度と背景を変えて夜の印象にしよう

テンプレートの丸の角度を変えて、印象を変えてみましょう。右上にスペースを作り、店名を入れることで、店名が引き立ち、デザインにも動きが生まれます。また、[素材]から「夜空」と検索し、背景に夜空のような素材を敷くとロゴのイメージを引き立てることができます。

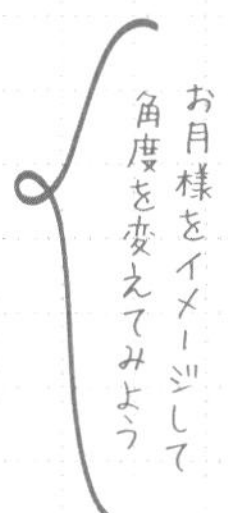

2 素材を追加してにぎやかな印象に

お店の説明の英字の「i」の文字の一部を星にし、遊び心をプラス。また、左ページの完成図のように流れ星をイメージさせる手書き線のイラストを追加しました。イラストは店名の筆記体のフォントに合わせて、手書き風のイラストを選んでいます。

「i」の点の部分に星を入れて夜空に

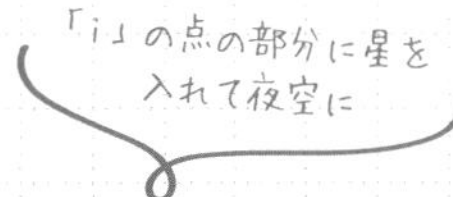

3 空いているスペースにイラストを

何のお店なのかがわかるように、お店の内容が伝わるイラストを追加しましょう。文字が主役のロゴなので、イラストを入れるときは小さく入れます。また色味は必ず文字と同じゴールドに。

お店のサービスがわかるような素材を追加しよう♪

プラステクニック

枠の形を変える

元々の丸い枠から他の素材に変えると印象が変わります。[素材]→「枠　ゴールド」と検索すると沢山の素材が出てきます。

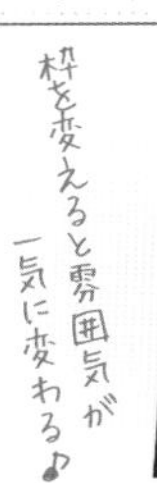

Useful to know!

COLUMN

知っていると便利！ Canvaのショートカットキー

覚えておけば時短につながる、Canva のショートカットキーをご紹介します。
ぜひ、デザインしながら試してみてくださいね。

基本操作	Mac	Windows
コピー	Command + C	Ctrl + C
貼り付け	Command + V	Ctrl + V
元に戻る	Command + Z	Ctrl + Z
グループ化	Command + G	Ctrl + G
グループ解除	Shift + Command + G	Shift + Ctrl + G
全選択	Command + A	Ctrl + A
選択解除	esc	esc
テキスト追加	T	T
線を追加	L	L
前面に移動	Command +]	Ctrl +]
背面に移動	Command + [	Ctrl + [

Chapter

Canvaで使える！ オリジナル素材集

本書オリジナルでCanvaで使えるイラスト素材を用意しました。
ぜひ、Canvaのデザインシーンで活用してください。

URL https://book.impress.co.jp/books/1122101034

[素材のダウンロード方法]

① 上記のサイトにアクセスし、[特典]をクリック

② 素材データをゲット！

※ 素材データの利用方法に関してはDLサイト内の利用規約を必ずご確認の上、お使いください

※ 特典を獲得するには、無料の読者会員システム「CLUB Impress」への登録が必要となります

One point

ワンポイント

Sample

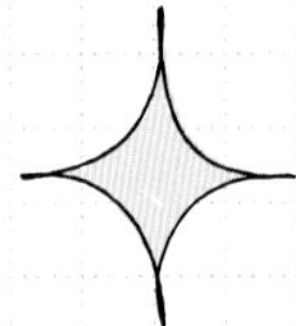
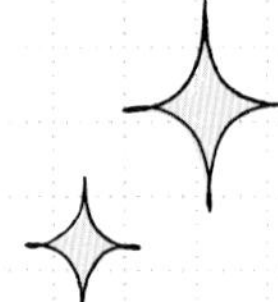
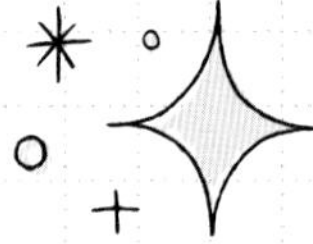

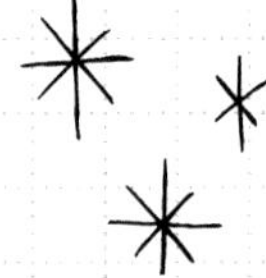
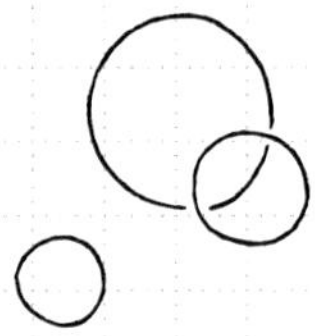

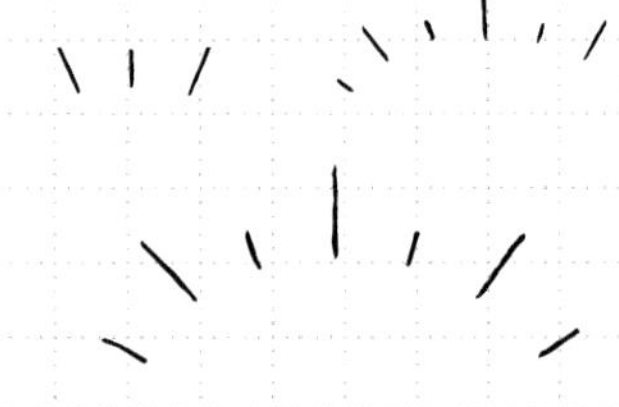

Greeting

あいさつ

Sample

HELLO
hello
THANK YOU
ello!!
nic
ank you
ありがとう

ありがとう

HELLO
nice
hello

THANK YOU
thank you
Hello!!

よろしくね
ありがとう
Hi

ありがとう
ございます。
HAPPY
love you

Balloon

ふきだし

Sample

Pattern

背景パターン

Sample

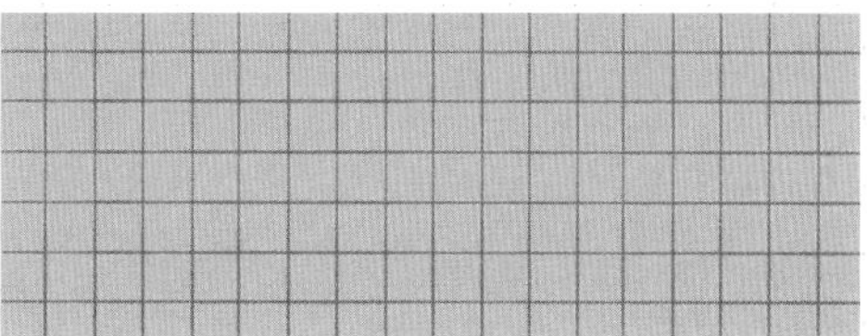

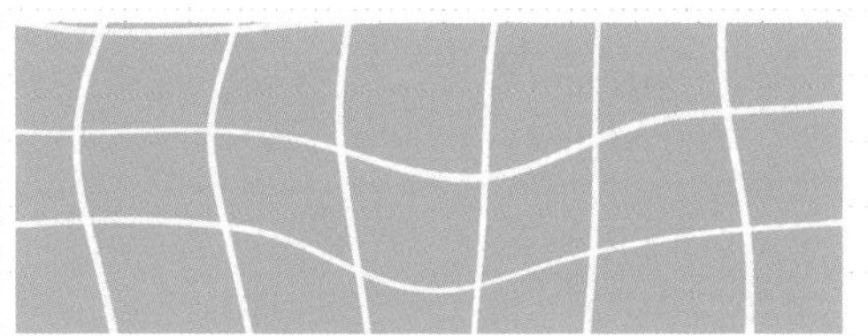

Halloween

ハロウィン

Sample

HAPPY
HALLOWEEN

Boo

Christmas

クリスマス

Sample

MERRY
CHRISTMAS

MERRY
CHRISTMAS

New Year

正月・新年

Sample ——————→

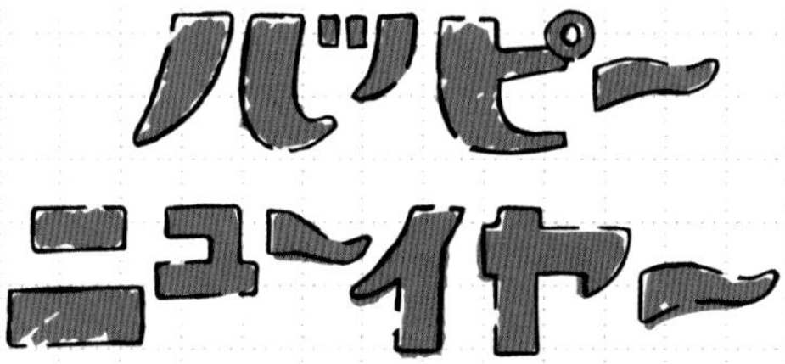

ハッピーニューイヤー

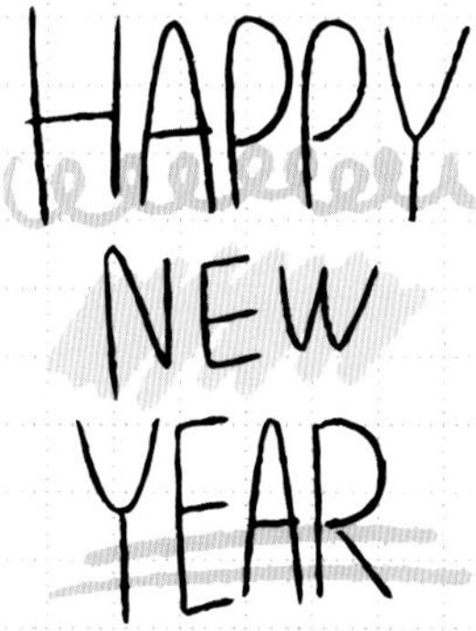

HAPPY NEW YEAR

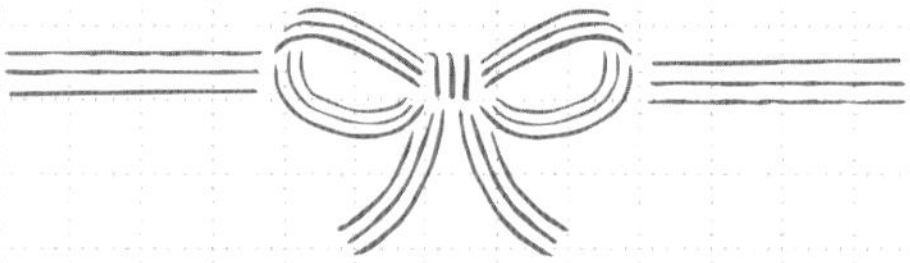

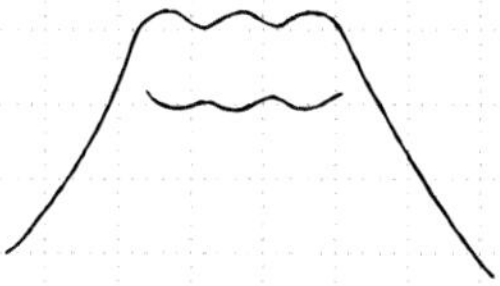

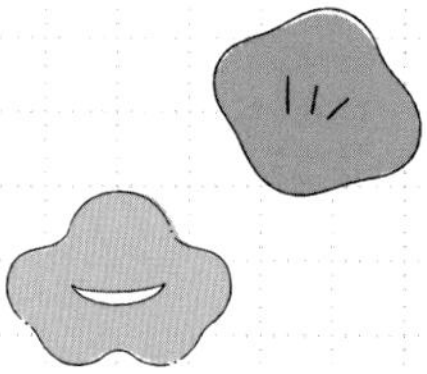

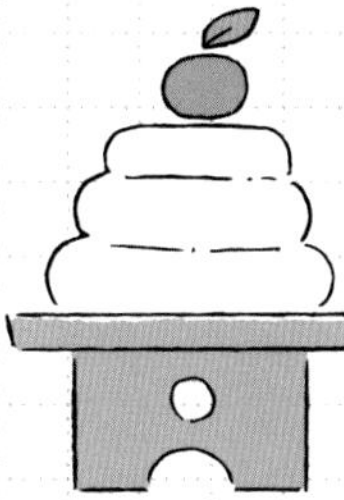

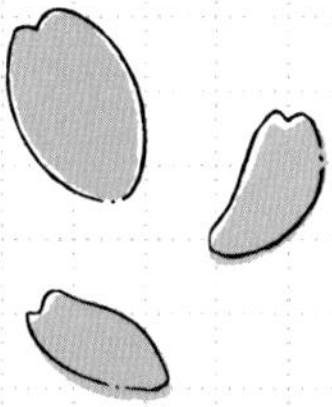

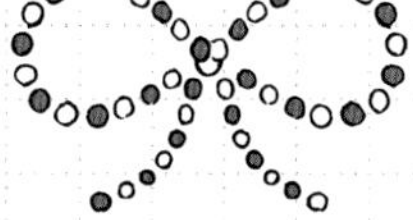

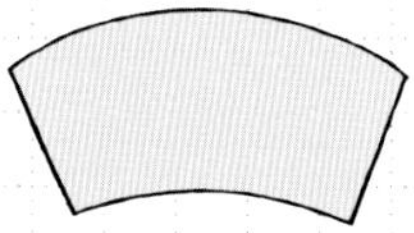

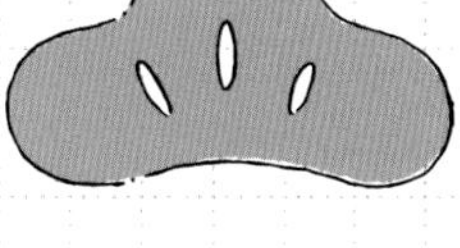

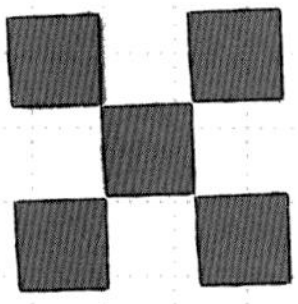

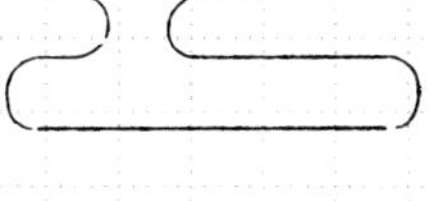

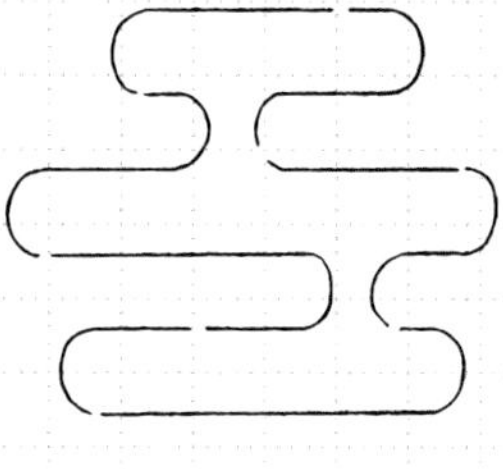

Frame
フレーム

Sample

Original material

Arrow

やじるし

Sample

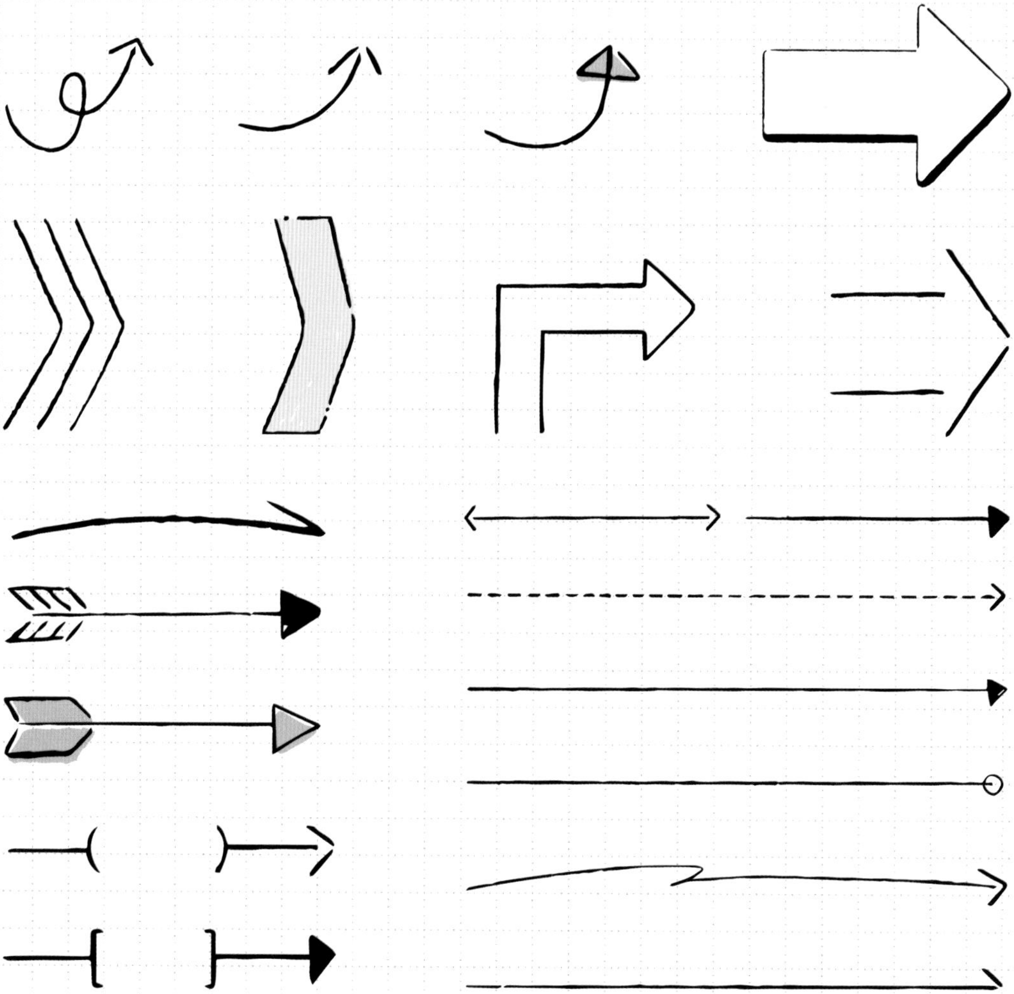

Decorative lines

装飾線

Sample ⟶

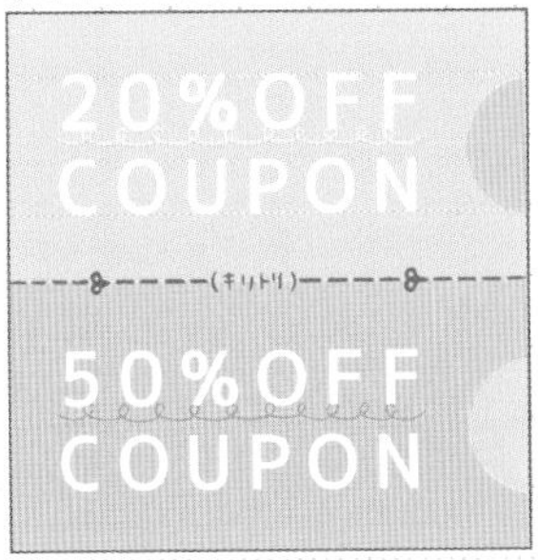
20%OFF
COUPON
(キリトリ)
50%OFF
COUPON

2024
売れた本
ランキング

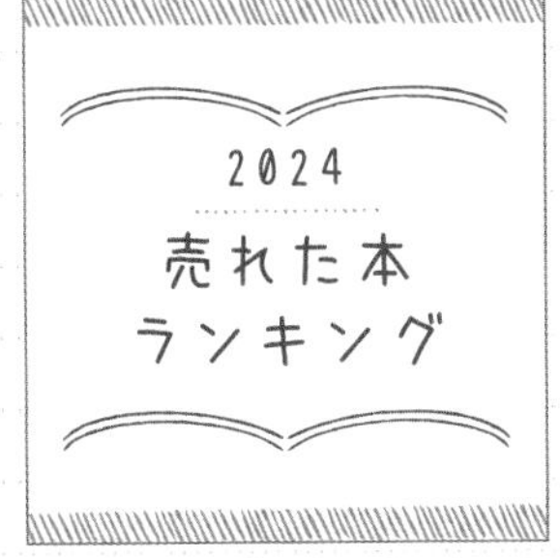

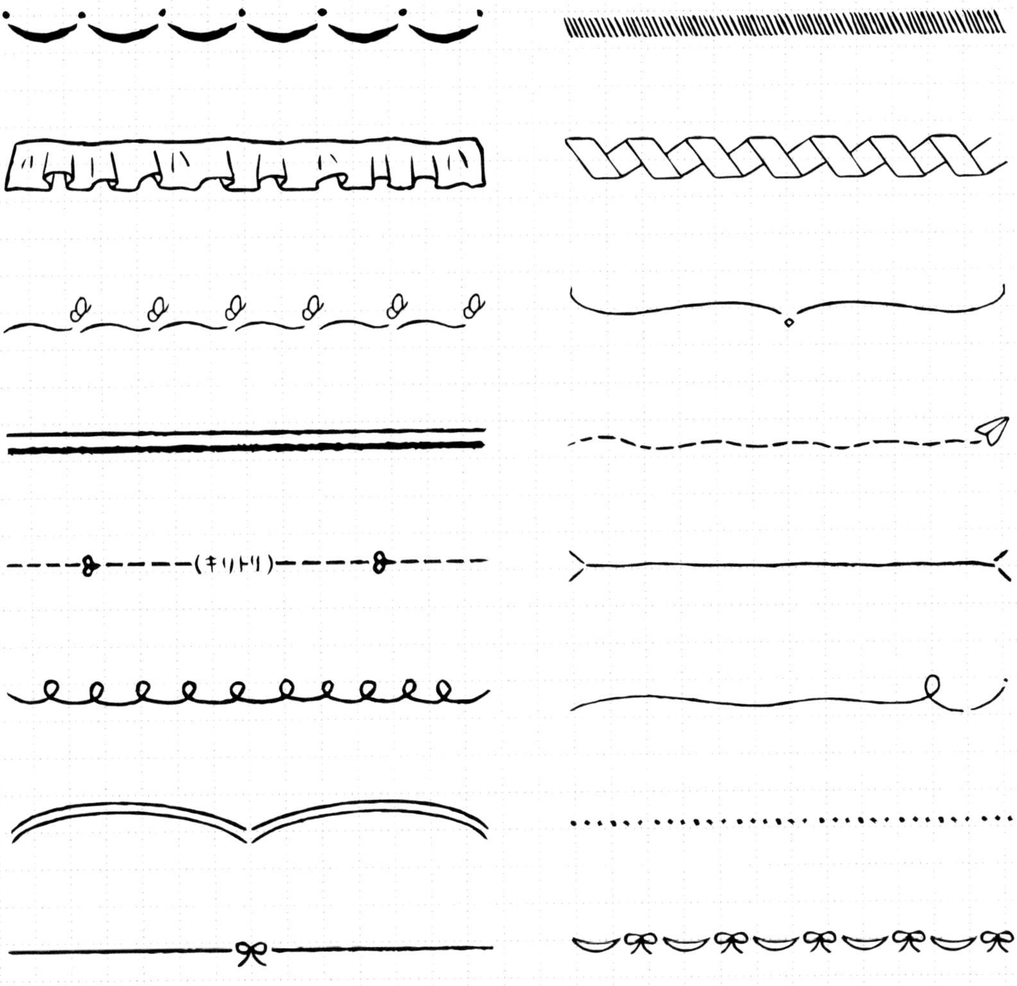
(キリトリ)

マネするだけでオシャレに！
配色＆フォントアイデア集

フォント選びと配色はデザイン作りでとっても重要です。この章ではCanvaで提供されている数十種類のフォントの中から、マネをするだけでセンスよく見えるおすすめのフォントと配色を紹介します。

SIMPLE

フォント

SALE MAIN FONT League Gothic

OPEN SUB FONT Arial

配色

#61ad68 #fbedd6 #bdd5bd

フォント

NEW MAIN FONT League Spartan

fair SUB FONT Libre Baskerville

配色

#e86448 #f0eee7 #3b3532

フォント

カフェ MAIN FONT コーポレート・ロゴ

Good SUB FONT Pacifico

配色

#fffefd #f8f198 #6b301f

フォント

もの MAIN FONT かんじゅくゴシック

Special SUB FONT Sweet Apricot

配色

#eaeadd #5c5754 #c8b583

Fonts And Color Schemes

CUTE

フォント

HAPPY MAIN FONT Zen Maru Gothic

You SUB FONT Sacramento

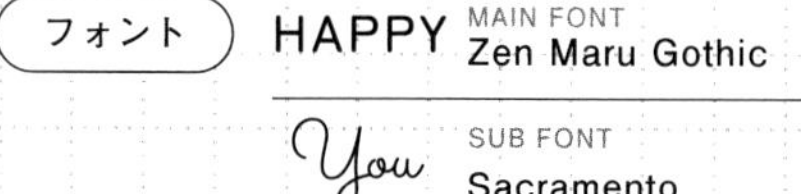

配色

#fdf0e0 #f3cac3 #1e3e6b

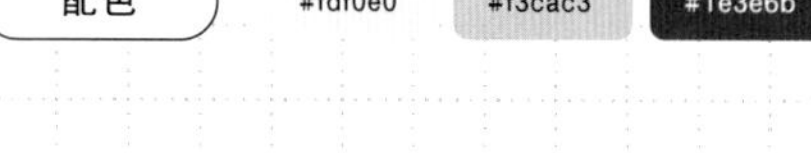

フォント

BABY MAIN FONT Fascinate Inline

WINTER SUB FONT Montserrat

配色

#dce6f3 #698c9d #f5c791

フォント

Sweets MAIN FONT Brittany

CAKE SUB FONT Antic Didone

配色

#f7ef81 #afcec2 #ae242f

フォント

さくら MAIN FONT ほのかアンティーク丸

SPRING SUB FONT Josefin Sans

配色

#e48fb3 #f7d9e6 #3d3b39

フォント

野菜 MAIN FONT Kiwi Maru

recipe SUB FONT Arista Pro

配色

#fbf7c7 #efb3a7 #dce45e

採れたて産地直送！
アップル
ジュース
ストレート果汁
青森県産
100%
使用

フォント

アップル MAIN FONT ラノベPOP

採れたて SUB FONT ぼくたちのゴシック2

配色

#cc4737 #f5e055 #307e3e

TAKE OUT
テイクアウト
はじめました
お店の味をおうちで楽しめる！

フォント

お店の味 MAIN FONT ロックンロール

TAKE SUB FONT Anonymous Pro

配色

#fdf6ed #e9bb36 #bf4f48

COORDINATE
#着回しコーデ
14DAYS

フォント

着回し MAIN FONT せのびゴシック

14DAYS SUB FONT ITC Avant Garde Gothic Pro

配色

#7cc3c8 #f6cfd6 #fdf5e5

Fonts And Color Schemes

RETRO

フォント

レトロ MAIN FONT こはるいろサンレイ

なつかし SUB FONT かんじゅくゴシック

配色

#7d1c42 #e07f1c #d0c6b1

フォント

クリーム MAIN FONT ロンドB

NO.03 SUB FONT ST Titan

配色

#0e8176 #ae373d #e1e7ee

フォント

PORT MAIN FONT Abril Fatface

Design SUB FONT Montserrat

配色

#d8c1ca #91a554 #d5844a

フォント

New MAIN FONT Shrikhand

OPEN SUB FONT Gatwick

配色

#8f5023 #adc8e2 #d3c94e

ELEGANT

フォント

INTERIOR — MAIN FONT Noto Serif Display

Special — SUB FONT Brittany

配色

#58342e　#b98f38　#d6cdbe

フォント

MILK — MAIN FONT Yeseva One

紅茶 — SUB FONT はれのそら明朝

配色

#95537c　#ceb498　#9b8992

フォント

世界 — MAIN FONT 刻明朝

World — SUB FONT Sloop Script Pro

配色

#cbab23　#e2bc99　#f7f4f0

フォント

YOUR — MAIN FONT Bodoni FLF

bakery — SUB FONT Poppins

配色

#727171　#a89c8e　#efefef

Fonts And Color Schemes

BUSINESS

フォント
CONTENTS MAIN FONT Poppins
企業 SUB FONT ZEN角ゴシック NEW

配色
#4fb5be #133d61 #f4da48

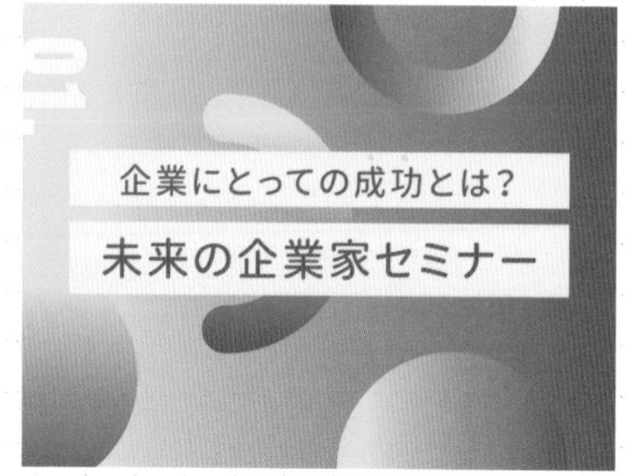

フォント
セミナー MAIN FONT 源泉丸ゴシック
01. SUB FONT Anton

配色
#155aa1 #bcd049 #e8eaeb

Web制作仲間を
募集しています。
Recruitment
急募！

フォント
制作仲間 MAIN FONT 源柔ゴシック
Recruit SUB FONT Yesteryear

配色
#047570 #dbe4e3 #e26b0b

フォント
OPEN MAIN FONT Atkinson Hyperlegible
5.17 SUB FONT Garet

配色
#cd4b86 #eea778 #f5efb6

フォント

SUIT MAIN FONT Marcellus

MEN'S SUB FONT Kage

配色

#050001 #dcdbdb #326262

フォント

CYBER MAIN FONT Horta

Sale SUB FONT Yellowtail

配色

#2a284c #a2cfb6 #c1a3cc

フォント

突き進め MAIN FONT セザンヌ

AXUS SUB FONT Futura

配色

#285eac #eedf3d #e9ecee

フォント

MUSIC MAIN FONT Forum

FREE SUB FONT Glacial Indifference

配色

#d32829 #231614 #c8c9c9

キャンバデザインブック

Canva Design Book

アプリ1つでパパッとおしゃれにデザイン

2024年 2月21日　初版第1刷発行

著者　ingectar-e

発行人　高橋隆志

発行所　株式会社インプレス
〒101-0051
東京都千代田区神田神保町一丁目105番地
ホームページ　https://book.impress.co.jp/

印刷所　シナノ書籍印刷株式会社
ISBN 978-4-295-01855-1　C3055

Printed in Japan

本書のご感想をぜひお寄せください。

https://book.impress.co.jp/books/1122101034

「アンケートに答える」をクリックしてアンケートにぜひご協力ください。はじめての方は「CLUB Impress（クラブインプレス）」にご登録いただく必要があります（無料）。アンケート回答者の中から、抽選で商品券（1万円分）や図書カード（1,000円分）などを毎月プレゼント。当選は賞品の発送をもって代えさせていただきます。

STAFF

制作　株式会社インジェクターイー
寺本恵里　仁平有紀　土屋江美子
永松美紀

校正　大西美紀

編集　宇枝瑞穂

編集長　和田奈保子

商品に関する問い合わせ先

このたびは弊社商品をご購入いただきありがとうございます。本書の内容などに関するお問い合わせは、下記のURLまたは二次元コードにある問い合わせフォームからお送りください。

https://book.impress.co.jp/info/

上記フォームがご利用頂けない場合のメールでの問い合わせ先
info@impress.co.jp

※お問い合わせの際は、書名、ISBN、お名前、お電話番号、メールアドレスに加えて、「該当するページ」と「具体的なご質問内容」「お使いの動作環境」を必ずご明記ください。なお、本書の範囲を超えるご質問にはお答えできないのでご了承ください。

- ●電話やFAXでのご質問には対応しておりません。また、封書でのお問い合わせは回答までに日数をいただく場合があります。あらかじめご了承ください。
- ●インプレスブックスの本書情報ページ（https://book.impress.co.jp/books/1122101034）では、本書のサポート情報や正誤表・訂正情報などを提供しています。あわせてご確認ください。
- ●本書の奥付に記載されている初版発行日から3年が経過した場合、もしくは本書で紹介している製品やサービスについて提供会社によるサポートが終了した場合はご質問にお答えできない場合があります。
- ●本書の記載は2024年1月時点での情報を元にしています。そのためお客様がご利用される際には情報が変更されている場合があります。あらかじめご了承ください。

落丁・乱丁本などの問い合わせ先

FAX 03-6837-5023
service@impress.co.jp
●古書店で購入されたものについてはお取り替えできません。